図解入門
How-nual
Visual Guide Book

よくわかる最新
「橋」の
科学と技術

橋の歴史と役割・構造と仕組みを読む

五十畑 弘 著

秀和システム

●注意
(1) 本書は著者が独自に調査した結果を出版したものです。
(2) 本書は内容について万全を期して作成いたしましたが、万一、ご不審な点や誤り、記載漏れなどお気付きの点がありましたら、出版元まで書面にてご連絡ください。
(3) 本書の内容に関して運用した結果の影響については、上記(2)項にかかわらず責任を負いかねます。あらかじめご了承ください。
(4) 本書の全部または一部について、出版元から文書による承諾を得ずに複製することは禁じられています。
(5) 本書に記載されているホームページアドレスなどは、予告無く変更されることがあります。
(6) 商標
本書に記載されている会社名、商品名などは一般に各社の商標または登録商標です。

はじめに

　橋は、人々の日々の暮らしの中で、基本的な活動である移動・輸送を担う代表的な構造物です。そして橋は、人や物を障害物を越えて渡すという構造物本来の役割の他にも、いろいろ比喩的な意味でも使われます。「両者の橋わたし」「平和への架け橋」など、異なるグループ、世界、人などを取り持つ、和するという意味を持ちます。このことから橋の完成は、昔から大きな慶事とされてきました。

　生活の場としての橋は、道と道の出会いの場所であり、人々の出会いや別れの舞台ともなりました。橋のたもとには市がたち、高札が掲げられ、人々が集うプラザでもありました。橋にまつわる民話、逸話、小説、詩歌、あるいは映画は数多くあります。歌にも歌われた京の五条の橋の上での義経と弁慶の出会いから、映画の題材となった第二次大戦末期のドイツ軍と連合国軍のライン川のレマゲン鉄橋を巡る攻防など、数多くあげることができます。

　高度成長期に建設された橋やトンネル、道路などのインフラ構造物は、建設後半世紀を経て老朽化が目立ち始めました。劣化した橋に手入れを施し、近年の甚大な災いをもたらした地震の経験を踏まえ、耐震化への備えを強化することで、安全性の確保し、超寿命化を実現することは、橋梁技術において重用な課題となってきています。

　一方、歴史的建築物、産業遺産、歴史的街並みなどとともに、長年人々の生活の場にあって、役割を果たし続けてきた古い橋に対する関心は高まりを見せています。橋が安全に交通というインフラ施設としての役割とともに、文化的側面や、歴史性もまた社会から求められる役割となってきています。文化財としての歴史的橋梁の保全もまた橋梁技術上の課題となってきています。

　本書は、人々に最も身近な構造物である橋について、その姿形や構造形式、構造物としての力学的な成り立ちなどから、文化的、歴史的な側面までを解説したものです。橋に関心のある読者から初学者までを対象とした入門書です。

　なお、本書は2013（平成25）年に刊行した『最新 橋の基本と仕組み』をもとに大幅に加筆、修正を施し、新版として再構成したものです。したがって既刊の読者にも十分満足のいくものと自負しています。本書が、橋の基礎知識を得ることにとどまらず、橋に対する興味をさらに深め、橋についてより専門的に学ぶきっかけとして役に立つことができれば筆者としても幸いです。

2019（令和元）年6月　　　　　　　　　　　　　　　五十畑　弘

How-nual
図解入門

よくわかる
最新「橋」の科学と技術

CONTENTS

はじめに …………………………………………………………………… 3

第1章　橋の歴史とその文化

1-1	橋の起源 ……………………………………………………	8
1-2	古代ローマ人の築いた橋…………………………………	12
1-3	中世の石橋 …………………………………………………	15
コラム	洪水を受け流す「流れ橋」「沈下橋」………………	18
コラム	ノートルダム橋 ……………………………………………	19
1-4	中世以後の木橋……………………………………………	20
コラム	日本三奇橋の木造橋……甲斐の猿橋 ………………	23
1-5	わが国の木造橋と石橋 …………………………………	25
コラム	旧永代橋の落橋事故 ……………………………………	30
1-6	鉄橋の出現 …………………………………………………	33
1-7	わが国の鉄橋建設と近代化……………………………	36
1-8	錬鉄から鋼へ………………………………………………	39
コラム	世界初の鉄製蒸気船再生プロジェクト……………	42
1-9	20世紀以降の橋梁建設…………………………………	43
1-10	橋のデザインと景観の意味……………………………	46
1-11	事例に見るデザインの見え方…………………………	48
コラム	運河閘門の仕組み…………………………………………	54

第2章　橋の構造と仕組み

2-1	橋の分類方法 ………………………………………………	56
コラム	希少種の橋……トランスポーター橋 ………………	58
2-2	桁橋 …………………………………………………………	59
2-3	アーチ橋 ……………………………………………………	66

コラム	バランスドタイドアーチ	68
2-4	トラス橋	72
コラム	都内最古の現役トラス橋	78
2-5	斜張橋	79
2-6	吊橋	83
コラム	世界最古の現役道路吊橋……ユニオン吊橋	89
2-7	ラーメン橋	90
2-8	可動橋	95
コラム	博物館のある橋……タワーブリッジ	96
コラム	天橋立の旋回橋……小天橋	99
2-9	鋼床版	100
2-10	橋を構成する各部の仕組み	101
コラム	石造鉄道アーチ……レイ・ミルトン高架橋	115

第3章 橋を科学する

3-1	ガリレオによる実証的力学研究の始まり	118
3-2	断面の寸法と断面性能	122
コラム	ポンペイの舗装道路	124
3-3	弾性体の世界へ	126
3-4	古典力学の確立	128
コラム	材料力学の父……ティモシェンコ	132

第4章 橋のできるまで

4-1	設計とは	134
4-2	設計の手順	136
コラム	シドニー・オペラハウスの設計	137
4-3	詳細設計	138
4-4	詳細設計の種類	143
コラム	瀬戸大橋	146
4-5	鋼橋の工場製作	147
4-6	橋の架設工法	151
コラム	ポルトガルのドン・ルイスⅠ世橋	159

第5章 橋を支える技術

- 5-1 下部工の構成 ……………………………………… 162
- 5-2 いろいろな橋脚 …………………………………… 163
- 5-3 基礎の種類 ………………………………………… 168
- **コラム** 鉄筋コンクリート（RC）杭のはじまり………… 170
- **コラム** 近代基礎工法小史 ………………………………… 174
- 5-4 鉄筋コンクリート（RC）橋脚の耐震補強 ……… 176
- **コラム** 東京市街高架鉄道の鍛冶橋架道橋 …………… 179

第6章 橋のメンテナンス

- 6-1 橋の破損と落橋 …………………………………… 182
- **コラム** 浮き橋の落橋 ……………………………………… 184
- **コラム** 鉄道建設時代の落橋事故 ……………………… 184
- 6-2 橋の劣化と損傷 …………………………………… 185
- 6-3 点検のための装置 ………………………………… 188
- **コラム** 近接目視点検の重要性 ………………………… 190
- 6-4 維持、補修 ………………………………………… 191
- **コラム** 既設道路橋の数 …………………………………… 194
- **コラム** マネジメントシステム小史 …………………… 198

第7章 歴史的橋梁の保全

- 7-1 保全の種類 ………………………………………… 200
- **コラム** リベット継手 ……………………………………… 202
- 7-2 保全の具体事例 …………………………………… 203
- **コラム** 解体修理 …………………………………………… 207
- **コラム** 鋳鉄アーチ橋の補強 …………………………… 213
- **コラム** クリフトン吊橋の維持補修 …………………… 218

参考資料 ………………………………………………… 221
索引 ……………………………………………………… 223

第 1 章

橋の歴史とその文化

橋は川や谷などの障害物を越えて人々の往来を可能とし、街や村をつなぐ交通インフラの要です。橋は交通施設であるとともに、人々のふれあいの場でもありました。橋詰には市がたち、高札が建てられ、人々の集う広場の役割も果たしてきました。街中の橋は、都市の景観を形作り、自然の中の橋は、山野の景色にアクセントを添えてきました。本章では、橋の起源と歴史、文化について概観します。

1-1

橋の起源

橋*の起源は、人類の歴史とともに始まりました。これは、場所を移動したり、ものを運んだりすることは、人々の生活の中で最も基本的な動作だからです。

■ 生活を支えてきた橋

近代に入ると、産業の飛躍的な発展を物資輸送の面から支えたのは、鉄道であり道路でした。交通網の発達とともに橋はより長く、より強く丈夫であることが求められるようになりました。橋の材料は、近代以前の木材や石材などの自然材料から、**鋳鉄***、**錬鉄***、鉄鋼の金属材料やコンクリートへと移行し、さらに新たな素材が加わってきました。橋の技術の発展は、常により長いスパンへの挑戦でしたが、同時に鉄道、高速道路、モノレール、パイプライン、都市高架道路など用途の多様化も進みました。

一方では、交通路の確保という実用的目的から長年にわたり人々の生活を支えてきた橋は、人々の生活の場の舞台装置として、その歴史文化が評価されて文化財指定を受ける橋も増えてきました。

■ 最も身近な土木構造物

行く手を阻む自然条件に変更を加える手段が橋です。定住生活を始める以前の先史時代の狩猟民族は、獲物を追いかけて川を越えるために橋を必要としたはずです。人々は丸太を切り倒して川の両岸に架け渡し、浅瀬には飛び石を置いて阻害を克服しつつ移動を続けました。橋は古来より常に人々の生活の中にあるもっとも身近な**土木構造物**でした。

BC3000年頃の前期青銅器時代に、現在のスイスの湖付近の定住者は木材で組み立てられた家に住み、木の杭を湖底に打ち込み、その上に床を張った桟橋を架けていたことが知られています。熱帯、亜熱帯の山岳地方では、深い谷間を越えるために、自然の蔦のロープや竹を用いて吊橋が架け渡されました。

---

*橋　　橋梁（きょうりょう）ともいう。bridge（英）、pont（仏）、Brücke（独）
*鋳鉄　炭素、ケイ素、マンガンを含み溶融点が低く硬く脆い。
*錬鉄　銑鉄を加熱攪拌して製造する炭素含有量の少ない鉄。鋼以前の構造用材。パドル鉄。

1-1 橋の起源

　身近に産出される頑丈な材料であった板状の石材を組み合わせて橋を架けることは、小さな川や浅瀬では、ごく初期から中世まで数千年にわたって行われて来ました。ずっと後世になりますが、イギリス南西部のサマセット州にある中世の石橋は、この素朴な橋の一つです。この橋は、橋床、橋脚などすべての部分が**クラッパー**と呼ばれる扁平な形をした自然石を組み合わせて作られた川の浅瀬を渡る石橋です。床版には、厚さ約20cm、幅1.5m、長さ3mほどのクラッパーが橋脚の上に敷き渡されています。

　橋全体は17スパンあり、全長約40mです。90cmほどの高さの橋脚は、やはり扁平なクラッパーが空積みされて作られています。橋脚の上流側、下流側には、クラッパーが斜めに積まれており、洪水の際に橋脚にぶつかる流水を床版の上側へスムーズに越流させる役割を果しています。自然材料を整形せずにそのまま使ったこの**ター・ステップ**は、川ができたときからそこにあったような錯覚を与えるほど、自然の景色と一体となっています。

▲ター・ステップ*
南イングランド、サマセット州にある扁平な自然石を積み重ねた石橋。

＊**ター・ステップ**　橋床、橋脚などすべての部分が、クラッパーと呼ばれる扁平な形をした自然石を組み合わせて作られた川の浅瀬を渡る石橋。イギリス南西部のサマセット州にある。

1-1 橋の起源

■ **土木や建築構造物の基本的な工法**

誰もが思い起こすことのできる石橋の代表的なイメージとしてアーチがあります。中国では古くから石造アーチが建設されて来ました。古代ローマ人が建設した石造アーチの水道橋の遺跡は、ヨーロッパ、北アフリカ等に数多く残されています。建造物に関する人類の最初の発明ともいえるこのアーチの起源は、古代ローマよりさらに数千年前に遡ります。

チグリス・ユーフラテス地方では、日干しレンガを使って、宮殿、寺院、階段ピラミッド型神殿や城壁が建設されたことが知られています。宮殿入口、城壁の開口部には、レンガをずらして積み重ねてせり出すことで空間を創る持ち送り構造が使われました。アーチの原型といわれるもので、今日のアーチを真のアーチと称するのに対して、疑似アーチと呼ばれることもあります。この持ち送り構造は、さらに時代が下ったBC1800年頃のギリシャのミケーネの円形墳墓に使われており、その遺跡が残っています。

チグリス・ユーフラテス地方における日干しレンガの使用は、いろいろな形や規模の構造物も共通な単位である同じサイズのブロックの組み合わせで造るという材料のモジュール化の始まりでもありました。これ以後、モジュール化は、石造・レンガの土木や建築構造物の基本的な工法となりました。

▲古代ギリシャの持ち送りアーチ（Tiryns遺跡、BC1800年頃）
（出所：J. E. Gordon, Structure, Penguin Science, plate 5, 1978年）

ペロポネソス半島のミケーネ文明の遺跡に残される持ち送りアーチで、円弧環のアーチに対して疑似アーチとも呼ばれる。

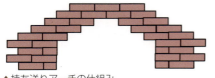

▲持ち送りアーチの仕組み

少しずつせり出したレンガをその上のレンガがおさえて空間を確保している。

■ 重要な軍事施設

中国ではアーチに加えて、**カンチレバー橋**と呼ばれる両岸から川の中央に向かってせり出す橋の基本形が出現します。**カンチレバー**とは、一方のみで支えられたて張り出した桁で、丸太を両岸に斜めに打ち込み、次々に支えながら川の中央に向けてせり出して床を支えます。

橋は障害物を乗り越えるという人々の生活の必需品でしたが、重要な軍事施設でもありました。軍隊が川や海などの障害物を越えて進軍するために建設されました。BC537年にペルシャ王のサイラスが大規模な浮き橋を建設し、続いてダリウス帝も、アジアからヨーロッパへ侵攻するためにボスポラス海峡とドナウ川に浮き橋を建設しました。

その後さらにクセルクセス王は、ペルシャ軍の侵攻のために、700隻近くの舟を用いて、延長1.6kmもの**浮き橋**の建設をしました。舟を並べて係留し、相互に括り付けられた舟の上に床板を張り渡したものです。のちに、古代ローマ人もイングランドからスコットランドに侵攻するために、フォースの入江にも架けられたと記録が残っています。

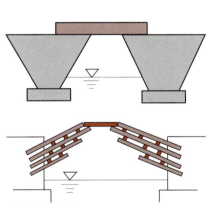

▲カンチレバー橋

せり出した橋台に梁を架け渡したり、両岸に埋め込んだ張出桁でせり出したりしてその先端に梁を渡して架橋する。

▲ペルシャの舟橋図

ほぼ等間隔に舟を並べて係留してその上に通路となる床板が敷き渡された。短い期間で施工できるために軍事用として使われた。

1-2 古代ローマ人の築いた橋

インフラの父と呼ばれる古代ローマ人は、橋をはじめ道路、港、神殿、公会堂、広場、公共浴場、水道などの公共施設を重視し、大規模な建設を行いました。

■古代ローマ人の建設した道路

塩野七生の「ローマ人の物語」（X巻）の一節に、「インフラストラクチャーほどそれを成した民族の資質を表すものはない…」とあるように、圧倒的な建設量と相まって、今日に残る石造アーチ橋から実務的技術能力に長けた古代ローマ人の資質を窺い知ることができます。

古代ローマ人の建設した道路は、総延長8万kmにも上り、橋は3000橋に達しました。水道橋の石造アーチの代表例が、BC19年に建設されたフランス南部の**ガール水道橋**です。

水道は水源からの勾配を一定に保つために低地を通過する場所では、高架橋が必要となります。ガール水道橋も、ガルドン川を越える低地の場所を高さ48.8mで越えるために3階建てのアーチ構造として建設されました。

橋の自重を抑えるために、1階より2階、2階より3階と上部になるにつれて、アーチのスパンが狭くなっています。ガール水道橋の最大スパンは24.5mですが、古代ローマ人の架けた石造アーチの最長スパンは、スペインのタホ川に架かる6連のアーチのアルカンタラの橋で、36mもの規模がありました。

◀ガール水道橋
（BC19年、フランス、ガルドン川、全長275m）

径間数は最上階35、2階11、最下層6と下層ほど少なく、自重が軽減されている。

1-2 古代ローマ人の築いた橋

■ 石造アーチ

古代ローマ人は膝元のローマのテベレ川にも11の橋を架けていますが、このうち約半分の5橋が2000年の時を隔てて現存することには驚かされます。これらの一つであるポンテ・ロットは、紀元前2世紀のDC178年に架けられた4連の石造アーチで、スパンドレル（円弧と橋脚、路面で囲まれる部分）には、レリーフがはめ込まれています。

建設当初、エミリオ橋と名づけられたこの橋はその後、何度か名前を変えて1800年もの間テベレ川を渡る交通手段を提供してきました。しかし、16世紀末の1598年に4連のアーチは端部の1連を残して3連が崩壊し、以後、残った1連は取り壊されることなくそのまま今日まで壊れた橋（ポンテ・ロット）と呼ばれ遺跡として残されています。

ローマ人の建設した石造アーチはいずれも半円アーチで、石材の継ぎ目は、円の中心を通るように、整形された迫石（せりいし）で積み重ねられ、アーチの頂部にはくさび形の要石（キーストーン）が嵌め込まれています。扁平なアーチが作られるようになったのは18世紀以降のことです。

▲ポンテ・ロット
（DC178年、イタリア・ローマ、テベレ川）

もとは4連の石造アーチであったが1598年に端部の1連を残して3連が崩壊しそのまま遺跡として保存されている。

1-2　古代ローマ人の築いた橋

■ 古代ローマ人の知恵

　古代ローマ人の技術力をよく示すアーチ橋として、やはりローマのテベレ川にBC62年に建設されて現存する**ファブリキオ橋**があります。

　この橋は橋脚上のスパンドレルに円孔があけられた半円アーチです。円孔は橋の応力の少ない部分をくり抜いて自重の軽減をはかると共に、洪水時の抵抗を減じる効果を狙ったものです。さらに半円アーチは実は完全な円で、下半分のアーチは地中部分に隠れています。

　ここに古代ローマ人の実務的能力を垣間見ることができます。連結面を一様に接するように整形されたくさび形の迫石を組んだ半円アーチは、両側の支点を強固な地盤で固定されてはじめて安定した構造となることを古代ローマ人はよく理解していました。

　古代ローマ人は、アーチ環を理想的な幾何学的図形の完全な円として、その半分を地中に埋め込めば、今日のカルバートのように閉じた系となってあらゆる方向からの力に対し十分に抵抗することができると考えたのです。

▲ファブリキオ橋
　（イタリア・ローマ、テベレ川、BC62年）

紀元前に古代ローマ人によって建設されたアーチ橋が日々の生活で実用に供している。

▲ファブリキオ橋の構造説明図（作図1756年）

この図は18世紀になって作図されたもので、ファブリキオ橋は、地中に半円アーチが埋め込まれ閉じられた完全な円形アーチ環となっている構造を説明している。

1-3 中世の石橋

　古代ローマはインフラを中心としたあまりにも高度なモノつくり技術を持つ文明でした。これは橋の歴史でも同様で、5世紀末の帝国の崩壊と共にその後しばらく、古代ローマを越える橋の建設はありませんでした。

■ 古代ローマと異なるアーチ

　暗黒時代と呼ばれる帝国の衰退するAD300年から約900年間を経た6世紀ころから、ヨーロッパ全域で再び新たな知識が加えられた橋の建設が進められました。これらの橋の建設を中心となって進めたのは、僧侶を中心とする一種の宗教団体（Brotherhood of Bridge builders；橋梁建設同胞会）ともいえる橋梁建設の集団でした。

　彼らの架けた初期の橋は、古代ローマの橋を引き継いだものではなく、石の橋脚や木の杭の上に置かれた簡単な木製の桁でした。ただ、僧侶によって訓練を受けた橋を建設した大工、石工などは、ローマ時代のような奴隷ではなく、働きに応じて支払いを受ける職人であったことは古代ローマとの大きな違いでした。12世紀になると再び古代ローマに匹敵しそれらを凌ぐ橋の建設が始まりました。フランス南部のアビニョンにいまも残るサン・ベネゼ橋はこの一つです。

▶ サン・ベネゼ橋＊
（1185年、フランス・アビニョン）

古代ローマにはなかった部分円アーチが採用されたこの橋によって古代ローマのアーチ技術の脱却がこの橋によって始まった。

＊**サン・ベネゼ橋**　フランスのローヌ川に架けられた石橋。12世紀に建設されたが、戦乱などで何度か破壊され、17世紀には現在の形になった。アヴィニョン橋とも呼ばれる。

1-3 中世の石橋

　アビニョンは、南仏プロバンス地方を流れ、地中海に注ぐローヌ川のほとりに位置し、古くから交通の要衝でした。川を越えてアビニョンの街に入るところにサン・ベネゼ橋があります。この橋は12世紀に建設されたあと、たびたび破壊に遭い、現在も川の途中で行き止まりの姿を見せているとおり受難の橋でした。この橋の建設には、羊飼いの少年のベネゼが神のお告げによって架けたとの伝説が残っています。少年ベネゼは奇跡的な怪力をもってやすやすと大きな礎石をローヌ川に据え付けたと伝えられています。橋の建設は1177年に始められ1185年に完成しました。全長900メートル、22連の石造アーチは、堂々たる規模の橋梁でした。

　この橋の古代ローマのアーチとの最大の違いは、アーチ形状が半円アーチではない点です。アーチはより低いライズをもつなだらかなカーブに見える部分円となっています。古代ローマのアーチを越えることは、スパンを伸ばすことのできるより低いアーチ形状への移行で実現されて行きます。**サン・ベネゼ橋**はこの最初の事例でした。

　また、橋脚も古代ローマに学んで川の流れによる洗掘を防ぐための水切りがつけられています。これも下流側にも後流による洗掘の影響を減らすために凸型の水切りがつけられていることが古代ローマのアーチとは異なる点です。

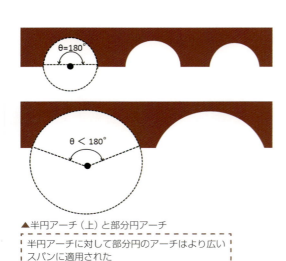

▲半円アーチ（上）と部分円アーチ

半円アーチに対して部分円のアーチはより広いスパンに適用された

地中海に近く水運に恵まれたアビニョンは、古くからたびたび戦乱の地となり、サラセン、フランク、東ゴートによって次々と占領された際の戦禍や、14世紀にローマから移された教皇庁がアビニョンの街を外敵の侵入から守るために自らの手でも破壊されてきました。

破損を受けては補修がされてきましたが、たび重なる破壊の末ついに1680年に橋としては見捨てられた廃橋となってしまいました。現在残るのは、ローヌ川左岸のアビニョン側からのアーチ４連で、岸から２番目の橋脚の上に残る小さな教会には、伝説の建設者のサン・ベネゼが祀られていました。

■ 旧ロンドン橋

サン・ベネゼ橋とほぼ同じ時代の有名な石造が**旧ロンドン橋**です。1176年に建設が始まり1209年に完成しました。石で橋が建設されるまでには、木橋が何度も架けられては破壊されて来ました。この橋は幅が7.8ｍで、長さが240～270ｍほどで、19の不規則な長さの径間がありました。1358年までには橋上には138の店がひしめきあい、さながらアーケード街が橋の上にあるようなものでした。この橋はたびたびの出火で火災になり、何回か建て直しがされています。中でも1633年の火災は大規模で、橋の北側の1/3が火災で焼け落ちて修理がされています。

この橋の南側の入口は、13世紀初めのスコットランドの英雄ウォーレスをはじめ、クロムウェルらの処刑人の首が曝された場所でも有名でした。18世紀の後半に入り、橋上の家はすべて撤去され、中央の２スパンにアーチは、船の航行のために、より大きな１スパンのアーチにかけ直されました。

さながらアーケード街が橋の上にあるようであった。
▼1682発行の地図に掲載された中世のロンドン橋

1-3 中世の石橋

▲施工中の石造アーチ
（アルシュベシェ橋、フランス・パリ、19世紀初め）

3連の石造アーチの施工中の様子を描いた油彩画。支保工にアーチの石材が施工されている。

▲施工中のジョン・レニー設計のロンドン橋（1830年頃）

この橋も1973年に現在の橋に架け替えられた。

COLUMN　洪水を受け流す「流れ橋」「沈下橋」

　がっちりとした支保工上で石積みされたアーチは、見るからに自然力に立ち向かう堅牢さを感じさせます。これに対し、近代以前のわが国では、異常時の自然力にはあえて抵抗せずに、受け流すように作られた流れ橋や沈下橋と呼ばれる橋があります。

　流れ橋の橋桁は、洪水に対して流されやすいように、あえて橋脚とは強固に連結されていません。桁が洪水に対して抵抗しないことで、橋脚はそのまま温存されます。洪水後は、残った橋桁上に橋桁を再建すれば復旧完了です。

　沈下橋の方は、川が増水した場合、桁は水面下に沈んだままで、水が引くのをジッと待ちます。流水抵抗を少なくするために桁の形は扁平で、高欄もありません。水が引けば、橋はそのまま即開通となります。

▲沈下橋（四万十川、佐田橋）

1-3 中世の石橋

ノートルダム橋

　近年火災の被害を受けた世界遺産のパリのノートルダム大聖堂は、パリ発祥の場所と言われるセーヌ川の中洲の島に位置します。この島とセーヌ川右岸をつないで架かるのが同じ名前のノートルダム橋です。

　現在のノートルダム橋の場所には、紀元前3世紀頃にケルト人がシテ島に砦を築いた頃に、橋も架けられました。パリで最初に架けられた橋の一つとされています。

　ただ、ノートルダム橋と呼ばれるようになったのは、ずっとあとの15世紀前半に架けられた木造橋からで、それ以前は、長い間「大橋」と呼ばれていました。この木造ノートルダム橋は、橋上に築造された建物の重さに耐えきれずに崩壊し、16世紀初めに6連の石造アーチに架け替えられました。

　2代目の石造ノートルダム橋は、何度か修理や改造がされ19世紀まで使われた長寿の橋でした。同時代のロンドン橋と同様に、橋幅の両側には60軒もの石造5階建ての建物が林立していました。1階は店舗が連なる橋上の建物は、不衛生であるとの理由でフランス革命の3年前に撤去されました。廃墟のある風景を好んだ画家ユベール・ロベールは、橋上の建物が解体撤去される様子を描いています。

　1853年にこのアーチ橋は、5径間の石造アーチに架け換えられましたが、セーヌ川を行き交う船の衝突事故がこの橋下で頻発したことから、橋脚数を減らした橋に架け直すこととされました。

　1連のアーチで川を一跨ぎすることも検討されましたが、結局は、両岸の小さい石造アーチを残し、中央の3つのアーチと橋脚を撤去して60mの鋼アーチが架けられました。石造アーチを含み全長は105mで、これが現在のノートルダム橋です。1910年に建設が開始されて第一次大戦後の1919年に開通しました。

　現在のノートルダム橋の特徴は、中央の浅い弧を描く軽快な鋼アーチと、その両側の小さな半円の石造アーチの組み合わせが作り出しています。視覚的にも、両岸を質感のあるクラシカルな石造アーチ形で固めた配置は、全体として脇が締まった安定感を与えています。

▲現在のノートルダム橋（フランス・パリ）

▲ユベール・ロベールの描いた2代目ノートルダム橋

橋上の建築物が撤去される風景が描かれている。

1-4
中世以後の木橋

ヨーロッパでは中世以前から屋根付きの木の橋が建設されてきました。この技術は、17世紀以降、ヨーロッパから新大陸に渡った人たちによってアメリカに伝えられ、ニューイングランド地方の他、アメリカ各地で盛んに建設されていきました。

■ **ヨーロッパ最古の木の橋**

本家のヨーロッパで建設された屋根つきの木の橋はスイスでその数が多く、これらの中でもこのルッツェルンの**カペル橋**は、規模の大きなものです。

チューリッヒから南に約60kmほどの湖のほとりに開けたルッツェルンは、中世にはドイツからイタリアへ抜ける主要街道の通る街でした。中世の他の都市と同様に、ルッツェルンも周囲を城壁で囲まれていましたが、この壁は湖に注ぐロイス川によって断ち切られていました。橋は川を横断するだけでなく、湖から川をさかのぼって侵入する外敵を防ぐ意味もあって、河口付近に建設されました。これがカペル橋で1300年頃のことです。

川を斜めに横断するカペル橋の中央部付近には、石造りのとんがり屋根の塔があって橋はここで折れ曲がって対岸に達しています。ヨーロッパ最古の木の橋でしたが、残念なことに1993年8月に橋に係留されていたボートからの出火で全体の約3分の2が焼け落ちてしまい、その後、旧橋の石の基礎の上に残った木をできるだけ再利用して建て直されています。

◀ カペル橋*
（1300年頃、スイス・ルッツェルン）

> ヨーロッパ最古の木造橋でしたが、1993年に一部が焼失し翌1994年再建された。

*__カペル橋__　スイスのロイス川に架けられた橋。ルッツェルン防衛のために建設された。隣接する石塔は水道塔で牢獄や拷問所などとしても使われたことがある。

1-4 中世以後の木橋

■ 寿命の長い木造橋

イギリスのケンブリッジ大学クイーンズカレッジのキャンパスを流れるケム川にも、**数学橋*** という名前の付いた木橋があります。ケンブリッジは、オックスフォードと並ぶ大学の町として知られていますが、ここにあるケンブリッジ大学は、31のカレッジで構成され、この橋のあるクイーンズカレッジもその一つです。

ケンブリッジ大学輩出の著名人は数多くいますが、とりわけ重力の法則の発見とリンゴの落下の逸話のあるニュートンは有名です。数学橋の名前も、おそらく数学者ニュートンに因んでつけられたものと思われます。

この橋はニュートンによって設計され、部材相互が精密に組み合わされたため釘やボルトは1本も使う必要がなかったという伝説があります。ところが木材をネジ留めでしっかり接合して橋ができ上がったときには、すでにニュートンはこの世を去って久しかった頃で、ニュートンとこの橋は直接の関係はないようです。

この橋が最初に建設されたのは、18世紀の中ごろで、100年が経過した頃に大規模な修理の手入れがされ、その後20世紀初めに再建されています。最初に橋ができてから250年以上も経っていますが、まだ2代目の橋で国内の木の橋と比べるとヨーロッパの木造橋の寿命の長いことに驚かされます。

▲数学橋（18世紀中頃、イギリス・ケンブリッジ）
木造トラスをリブとするアーチ構造である。

***数学橋** 工学的に洗練された幾何学的に美しい構造からこの名前が付けられた。

1-4 中世以後の木橋

左側のスパンに木組構造、右側が外装の板張りが施された状態を示している。

木造のシテ橋の図面
▼（19世紀初め、フランス・パリ）

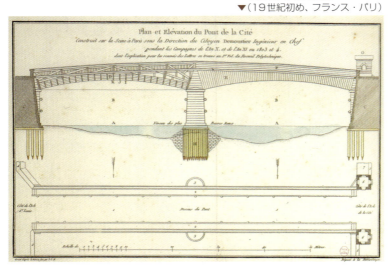

1821～22年にモスクワ・サンクトペテルブルク間の道路に架けられた一連の木造アーチ橋の一つ。

▼集成木材のリブをもつ道路橋（19世紀初め）

1-4 中世以後の木橋

日本三奇橋の木造橋……甲斐の猿橋

　山梨県大月市の桂川に架かる猿橋は、山口県の錦帯橋、富山県の旧愛本橋とともに三奇橋と呼ばれてきました。富山県の旧愛本橋のかわりに、栃木県の神橋、徳島県かずら橋、あるいは長野県の桟橋とする場合もありますが、猿橋は常に奇橋に数えられてきました。

　これらの橋が奇橋と呼ばれる理由の一つは、橋が架かる場所が険しい谷間という地形条件から、途中を橋脚で支えることなしに、一気に谷間を越えるその橋の長さにあります。

　今日の猿橋は、長さ30.9m、幅3.3mで、水面から桁までの高さは31mあります。

　近世以前の日本人の橋のイメージは、京、大坂や江戸の大きな橋でも、間隔狭く林立する多数の脚柱の上を、反りのついた桁が渡されたものが一般的で、大空間を一気に越える橋桁は、まず見られませんでした。

▲今日の猿橋

1-4　中世以後の木橋

　広重の浮世絵では、深い谷底の水面はるか上空に猿橋を置き、桁下の空間には、遠くの山並みと満月を配置して奇橋ぶりが描かれています。

　猿橋は、相州から甲州の境界を越えて、相模川上流の桂川に沿って通う街道が、最も川幅の狭まった場所に位置します。このため、橋の架かる場所は、交通の要衝として、近世以前には、いくつもの争乱の舞台となりました。

　江戸時代になると、江戸日本橋から信州下諏訪まで結ぶ甲州街道が整備され、猿橋の場所は宿場として、冨士講や、善光寺参りの旅人で賑わいました。

　猿橋の創建の時期について、文献上では15世紀末には橋の存在が確認されていますが、それ以前については詳しいことはわかっておりません。一説では7世紀初めの推古天皇の世に、渡来した百済人の手によって架けられたとされています。

　猿橋の構造は、長い空間を橋脚なしで飛ぶために、両岸の岸壁に、刎木（はねぎ）と呼ばれる長さの異なる桁を埋め込んでがっちりと固め、谷間中央に向けて桁が張出された張出桁（カンチレバー）です。

　張出桁の起源は定かではありませんが、チベット、ネパール、ブータンあたりでは、谷間に古来より数多く建設され、今日も使われているそうです。

　猿橋は、創建以来何度も架け替えがされてきましたが、今日の橋は、外観は木造に見えますが、桁部材の中には鉄骨が使われています。

◀ 甲陽猿橋之図（安藤広重画、1842年）

1-5 わが国の木造橋と石橋

近世以前の伝統的な木造桁や石橋のバリエーションは、神社仏閣や庭園の橋の中にその原型を見ることができます。

■ 反橋

わが国の近世以前の伝統的な橋梁としては、**反橋**があります。安芸の宮島にある厳島神社は、海中の大鳥居で有名ですが、陸側から社殿へ通じる回廊へ渡るための反橋も、社殿、回廊、能舞台とともに、重要な構造物です。この橋は、その役割から**勅使橋**とも呼ばれ、鎮座祭などの重要な祭事の際に、勅使がこの反橋を渡って、回廊から本社殿に入るための橋とされてきました。反りがきつくこのままでは、滑ってしまうので、橋を使うときは、梯子状の階段が床板に沿ってかけられたといわれています。長さ26.7m、幅4.3mの木造反橋で、擬宝珠付きの高欄がついています。厳島神社の、社殿や回廊などのほとんどの部分は国宝に指定され、能舞台や、この反橋も重要文化財となっていて、神社全体は世界遺産にも指定されています。

厳島神社の歴史は古く、6世紀の末に、推古天皇の命により、佐伯鞍職により創建されたとされています。平清盛が安芸守に任命された12世紀中頃に、社殿全体が、寝殿造り形で建設されました。

13世紀に入りたびたび火災にあいましたが、14世紀にほぼ、現在の形で建設されました。現在の厳島神社は、毛利元就が厳島神社の合戦で大内氏を打ち破って宮島を支配下においた後に建設されたものです。1557(弘治3)年に毛利元就・隆元によって再建され、この時に反橋の建設がされました。

▶ 厳島神社の反橋（1557年、広島）
重要文化財、神社全体は世界遺産に指定。

■ 木造の反橋「太鼓橋」

同様な、反橋として、横浜の称名寺の橋があります。称名寺の庭園にある池の中島に架かるのが、この朱塗りの反橋と平橋です。発掘調査の結果や、重要文化財の称名寺絵図に基づいて、昭和61年に復元されたものです。

称名寺は、鎌倉幕府執権の北条氏一族の北条実時が、13世紀中ごろに建立したのが始まりと言われています。鎌倉から山を隔てた東隣の六浦荘に設けた隠居用別荘の敷地に、母の菩提を弔うために立てた持仏堂がもととなっています。同じ敷地には、武家の図書館であった金沢文庫も創設されました。

反橋が建設されたのは、寺が建立されてから50年以上経った14世紀初めになってからであり、鎌倉幕府滅亡の直前のことでした。浄土思想の影響を受けて築造された浄土庭園は、仏堂の前に池が設けられ、一体となって荘厳な雰囲気をつくり出すようになっていました。

池を配置した浄土式庭園は、宇治平等院や奈良の浄瑠璃寺が有名ですが、称名寺では、北側の金堂と南側の仁王門を結ぶ軸線の真ん中に配置された池に中島が造築され、それぞれ7.2mほどの長さの反橋と平橋はこの中島に架けられています。

▲称名寺の浄土庭園の反橋と平橋（14世紀初、横浜、1986：昭和61年復元）

1-5 わが国の木造橋と石橋

太鼓橋(たいこばし)とも呼ばれる木造の反橋は、一見アーチに見えますが、構造的には桁橋です。神社の橋以外の実用橋の場合は反りは少なくなりますが、木造の杭式の橋脚に桁を渡しその上に板張りの床をもつこの形式が、わが国の近代以前の橋梁のほとんどを占めていました。

▲吾妻橋(1868:明治元年、東京)

江戸期の吾妻橋は1875(明治8)年に洋風の木造橋に架け替えられたが、その直前の状況の写真。典型的な江戸期の木造橋で打ち込まれた杭の相互が連結されその上に桁が載った構造。

▲住吉大社の反橋(創建16世紀末、大阪)

大きく反ったアーチのような桁を6本の石柱と、2段の貫き材のやぐら状橋脚が支えている。

1-5 わが国の木造橋と石橋

■ 錦帯橋、日本橋

これに対し、広島県岩国に現存する**錦帯橋**は、木造のアーチ構造で、甲斐の猿橋、祖谷のかずら橋と並んで日本の3奇橋に数えられる珍しい橋です。この錦帯橋は、中央の3連がスパン35.1mの木造アーチ、両端にそれぞれ34.8mの木造桁橋で構成される全体で5連、全長140m余りの橋です。

アーチは、スパンの中央部で約5.2mの反りが付けられています。錦帯橋は、1673年に初めて建設されて以来、何度も架け替えが行われてきました。最後の架け替えは平成15年度に行われました。

木造橋を主体としたわが国では、ヨーロッパで多く架けられた石造アーチが近世以前に建設されたことは、九州を除いてほとんどありませんでした。東京の**日本橋**は、江戸年間にわたって木造橋が建設されてきました。

▲錦帯橋（創建1673年、山口）
中央の3連がアーチでその両端に桁橋の5連で全長140m余の木造橋。

▲江戸時代の日本橋
（実物大模型、江戸東京博物館）

現在、石造アーチとして現存する日本橋は、江戸開府と共にその歴史が始まりました。日本橋が最初にかけられたのは徳川家康の入府間もない1603（慶長8）年のことで、以来幾度となく火事で焼失しては、架け替えられてきました。日本橋にはすぐ下流側に魚河岸が隣接し、その界隈は人や荷車の行き交う賑わいの絶えない花のお江戸の中心地でした。日本橋は五街道の起点と定められ、今日でも道路元標が設置されています。

江戸から明治まで何代にもわたって木の橋が架けられてきた日本橋は、1911（明治44）年に初めて石橋が架設されました。これが現在の石造アーチの日本橋です。和漢洋の折衷といわれていますが、明治以前の石橋と比べると西洋の影響を大きく受けています。

2連の石造アーチは、円弧が浅く、材料には花崗岩が使われ、内部には煉瓦とコンクリートが使用されました。照明灯や欄干を含めて全体的にはルネサンス様式のデザインとなっています。橋の規模は、幅員が27.3mで橋長は49.1mです。

▲木版画に描かれた戦前の日本橋
（川瀬巴水＊画、1940：昭和15年）
日本橋室町側から銀座方向に見た日本橋を描いたもの。

▲日本橋（1911：明治44年、東京）
橋の上を覆う高速道路は地下ルートに移設する計画が進められている。

＊川瀬巴水（かわせ はすい）　大正から昭和にかけて（1883〜1957年）活躍した風景版画家で永代橋、新大橋、錦帯橋など橋の作品もある。

COLUMN 旧永代橋の落橋事故

歴史的橋梁の代表例

　街中にある橋梁は、長い時間の存在を経ることで、その地域で暮らす人々の生活の舞台として定着して、しばしば歴史的な出来事に登場します。永代橋も、そのような歴史的橋梁の代表的例です。

　現在の永代橋は、明治に入り国内で鉄の橋が架けられるようになって、2代目になりますが、2007年には国重要文化財に指定された歴史的な橋です。最初の鉄の橋は、江戸時代から引き継がれた老朽化した木の橋を1897(明治30)年にかけ直しましたもので、道路橋としては日本で最初の鋼橋でした。

　部材は鋼製ですが、床版は木製であったため、火災が猛威をふるった1923(大正12)年の関東大震災で焼け落ちてしまいました。この初代鉄の橋を復興橋梁としてかけ直したのが現在の橋です。

長年の手入れの不備

　鉄の橋が架けられる以前、江戸時代で最初に永代橋が架けられたのは、17世紀末のことです。1698(元禄11)年8月に、5代将軍綱吉の50歳記念橋として架設されました。木橋の永代橋は寿命が長いものではなく、これ以後、何度も、修理や補強や架け直しがされてきました。

　最初に永代橋が架けられた場所は、今日の永代橋よりも100mほど上流側でした。忠臣蔵の赤穂浪士47名の一団は、本所の吉良邸に討ち入り、仇討ちを果たした後、吉良上野介の首級を抱えて、完成5年後のこの永代橋を、今日の江東区側の左岸から中央区側に渡って、高輪泉岳寺まで移動しました。

▼浮世絵永代橋*

維持費を町方が負担することで長らく存続してきた。

1-5 わが国の木造橋と石橋

後年、この永代橋の付近は、関東大震災で発生した火災の延焼により、多くの犠牲者が出た場所ですが、江戸時代にも、大災害の場所になったことがあります。

天下泰平の世が続く一方では、18世紀の初めの享保年間に、財政の困窮により、老朽インフラの維持に手が回らなくなった幕府は、取り壊しを決定します。しかし、町方の嘆願によって維持費を民間が負担するとして、御公儀橋から町橋となり、その後長らく存続してきました。しかし、1807(文化4)年の江戸深川八幡の祭りの当日に、長年の手入れの不備のつけがついに回ってきました。

同年8月19日(旧暦)(9月20日)は、12年前に喧嘩による騒乱で中止となって以来の深川八幡のお祭の再開とあって、多くの群衆がこの永代橋に殺到しました。手入れの行き届かない老朽橋桁は、この群衆の重みで耐え切れなくなり、ついに現在の江東区側の1径間で崩落しました。

大事故となったのは、橋に殺到した崩落を知らない後続の群衆が、しばらくの間、次々と河中に転落していったからです。落橋事故による死者は1400人とも1500人ともいわれ、橋梁事故としては空前絶後の大惨事でした。事故後にこの橋の原因の調査が行われ、維持保守を請負った関係者が島流しの刑に処せられています。

この大惨事のあとに、江戸市中に出回った落首の一つが、次の一首です。

　水そこは　八幡地獄深川や　きょうは祭礼 あすは葬礼

歴史的橋梁の代表例。

▲今日の永代橋

＊**浮世絵永代橋**　東都永代橋之景黄泉画（出典：土木学会付属土木図書館デジタルライブラリー蔵）。

1-5　わが国の木造橋と石橋

■ 石造アーチの出現

国内における石造アーチの出現は、近世以降のことで、江戸時代初期に建設された長崎の眼鏡橋が最初といわれています。東京の日本橋のように明治以降の一部の都市の建設事例を除けば、沖縄、九州地域に集中しています。現存する石造アーチ橋の分布は、鹿児島、熊本、そして大分に多く残っています。大分県竹田市の**山王橋**(さんのうばし)も、明治以降に数多く建設された石造アーチ橋の一つです。橋のたもとにある石碑によれば、1905（明治38）年秋に地域住民の自己資金によって着工され、1907（明治40）年夏に橋の本体が完成したとあります。この5年後には橋の高欄と取り付け道路が完成しました。幅員3.7ｍ、長さ56ｍで、市指定有形文化財ですが、現在も自動車が通る現役の橋です。

わが国の石造アーチ技術は、17世紀初めに中国から伝わりましたが、全国的な広がりを見ないまま明治に入り、近代都市づくりの一環で、今度は不燃都市建設技術のレンガ・石造建造物として欧米から再導入されました。

▲眼鏡橋（1634：寛永11年、長崎市）

▲山王橋（1905：明治38年、大分県竹田市）
明治以降に鹿児島、熊本、大分に数多く建設された石造アーチの一つ。

◀霊台橋（1848：弘化4年、熊本県）▶
国内最大規模の石造アーチで全長90ｍ。

1-6 鉄橋の出現

鉄が構造用材料として橋に使われるようになったのは、産業革命期の18世紀末のことです。

■製鉄技術の歩みと共に

鋳鉄橋、錬鉄橋の時代がほぼ100年続き、**鋼橋**が出現したのは、19世紀の後半になってからです。釘、ボルトなどの連結材に鉄を使うだけではなく、石材や木材の代わりに、橋の部材そのものに鉄を使うには、大量で安価な鉄の生産を可能とする石炭製鉄の技術が確立されるまで待たなければなりませんでした。この意味から鉄を材料とする近代橋梁技術の発展のあゆみは、そのまま製鉄技術のあゆみと軌を一にしているといえます。

鉄鉱石から溶融銑鉄を得ることができるようになったのは、14世紀のドイツに高炉法が出現してからのことです。**高炉法**はドイツからベルギーのリエージュ地方、フランスのロレーヌ、シャンパーニュへと広まり、15世紀にはイギリスでも高炉製鉄が始まりました。こののち、16, 17世紀の間には、高炉法による製鉄技術が着実に発展をとげたのは、イギリスを中心とする地域でした。

高炉法は、大量の薪を必要としました。不純物を含まない木炭は製鉄に適した燃料でしたが、薪の伐採のために森は丸裸にされ燃料の枯渇を招きました。ふんだんにある石炭は、不純物の硫黄を含むことから製鉄の燃料とするとなかなか良い鉄が作れませんでした。

イングランド中西部のコールブルックデールという場所で、石炭製鉄に最初に成功したのが、アブラハム・ダービー（1678〜1717年）でした。コークスで鉄鉱石から鉄を取り出す製鉄法が成功すると産業革命が一気に加速しました。

蒸気機関のシリンダーに鋳鉄が使われ、鉄製の柱をもつ丈夫な建物も出現しました。鉄製の教会のドアや小型のボート、そして鉄製の墓石まで現れたといわれています。

▶初期の高炉（17世紀）
高炉はレンガ積みで水車の動力で強風が吹き込まれた。

1-6　鉄橋の出現

　世界で最初の鉄の橋、**アイアンブリッジ**は石炭製鉄によって安価で大量に供給される新材料の鉄時代の幕開けとともに生まれた産業革命の生き証人です。1789年に完成したアイアンブリッジは、それ以前の石造アーチの形に倣いほぼ半円形で、アーチリブを中心に約380トンの鋳鉄を使って架けたもので、スパンは30mほどあります。

▲アイアンブリッジ
（1779年、イギリス・シュロップシャー）
世界初の鉄製の橋。橋長約30mの橋には、約380トンの鋳鉄が使われている。

▲ポンテカサステ運河橋
（1805年、イギリス、エルスメーア運河）
アイアンブリッジと並んで初期の鉄橋の一つ。

1-6 鉄橋の出現

■ 鉄道建設による鉄鋼産業の発展

　アイアンブリッジが建設された以降、イギリスのほか、ロシア、フランス、ドイツ、オランダなどでも鉄の橋の建設が行われ、18世紀末までにその件数は30橋にのぼります。

　産業革命の一層の進展をみた19世紀の前半は、イギリス、フランスをはじめとしたヨーロッパ諸国において急増する物流の手段として、鉄道が水路に徐々に置き換わっていった時期でした。錬鉄のレールが敷設され、鉄道は馬車曳きから蒸気機関車に変わり、水路や河川を渡る箇所には、鉄橋が架設されて鉄の需要は急増して製鉄の産業的発展を促しました。

　1825年に開通した世界で最初の蒸気機関車の鉄道であるイギリスのストックトン・ダーリントン鉄道では、ジョージ・スチブンソン（George Stephenson：1781～1846年）による鋳鉄、錬鉄を用いた**鉄道橋**が建設されました。

▲ 1901年に移設される以前の現地の鉄橋

世界初の蒸気機関車を通すスチーブンソン設計の鉄橋。スパン3.8mの腹形の錬鉄製桁を鋳鉄の橋脚が支える4径間鉄道橋。

ストックトン・ダーリントン鉄道の鉄橋
▼（1823年、イギリス、現在ヨーク鉄道博物館保険）

1-7 わが国の鉄橋建設と近代化

わが国の橋梁技術の近代化は、明治維新の欧米からの鉄橋の導入とともに始まりました。世界的にも、19世紀後半の時期は産業革命によって実践を経た欧米の技術が、非西欧諸国へ伝播していった世界規模の技術移転の最初の時期でした。

■ 先端技術としての鉄船の建造技術

19世紀の中頃に開国をした日本も、欧米からの技術拡散の世界的な流れの一つとして、いろいろな先進技術とともに技術の導入により橋梁技術の近代化を開始しました。

わが国では、大型の鉄材をあつかう技術は、幕末の反射炉による大砲鋳造の錬鉄の精錬や、造船技術から始まりました。1850年代に、幕府直轄の伊豆韮山をはじめ、薩摩、佐賀、長州、水戸の各藩では、反射炉を保有していました。

1856（安政3）年に長崎では、幕府の手でオランダの指導のもと鉄材加工を行う造船所が建設されました。1864（元治元）年にはフランスの指導によって横須賀に造船所の建設が始まり、明治に入って完成しました。当時の先進技術であった鉄船の建造技術には、鉄板加工やその他の周辺技術が含まれていました。わが国における鉄の構造材としての使用は、このような造船技術導入の中で始まりました。

◀韮山反射炉（静岡県）
1857（安政4）年から稼働を開始した幕府直轄の反射炉。2基の炉と高さ16mの4本の煙突よりなる。

1-7 わが国の鉄橋建設と近代化

■ 終止符が打たれた輸入橋

わが国で最初に建設された鉄橋は、1868（慶応4）年に長崎で建設されたくろがね橋で、次いで1869（明治2）年に、横浜に**吉田橋**が建設されました。くろがね橋は、スパン21.8mの錬鉄の桁橋で、輸入された鉄材を用いて長崎造船所で製作されました。吉田橋は、スパン23.8mの下路ダブルワーレントラスで、現在の京浜東北線桜木町駅前にあった燈台寮で製作されました。

明治年間を通じて、わが国で建設された鉄橋は、欧米から輸入されたものが多数を占めましたが、明治10年代より次第に国内で設計、製作されるようになりました。国内で最初の鉄道である新橋・横浜間の鉄道の橋は、すべて木造橋が使われましたが、開通後わずか数年で腐食してしまいました。この架け替えが、1877（明治10）年頃から始められ、六郷川鉄橋を除く中小の橋には工部省鉄道寮の新橋工場で製作された桁橋が架設されました。

1878（明治11）年には、スパン15.8mのボーストリングトラスの弾正橋が国内で製作されて架設されました。製作がされたのは、久留米藩江戸邸の場所に佐賀藩がオランダから輸入し幕府に献納した機械類が据え付けられた明治初期の近代工場の工部省赤羽製作所でした。こののち、国産化は次第に進み、鉄道橋では明治末年をもって輸入橋に終止符が打たれました。

> わが国で最初に製作されたトラス橋。イギリス人技術者ブラントンの設計。
> 約40年間使用されたのち、明治末年にコンクリート橋に架け替えられた。

▼吉田橋（1868：明治2年、横浜）

1-7 わが国の鉄橋建設と近代化

▲六郷川鉄橋（1879：明治10年、東京／神奈川）
イギリスから輸入された100ft.トラス1連分が愛知県の明治村に移築され保存。

▲八幡橋（旧弾正橋、1878：明治11年、東京）
八丁堀の楓川に架けられ、昭和4年に撤去。幅を狭め深川富岡八幡宮裏手に移設。現存する鉄橋としては大阪の旧心斎橋に次いで2番目に古い。

1-8

錬鉄から鋼へ

　1856年にベッセマー（Henry Bessemer：1813～1898年）によって**転炉法**が発明され、鋼は1870年代以降、生産量が急速に拡大しました。1880年代半ばにはイギリスをはじめとした欧米諸国では鋼は錬鉄（パドル鉄）の生産量を越えました。

■ 錬鉄から鋼への切り替え

　ヨーロッパでは、新材料であった鋼が出始めた当時、構造物への適用には慎重でした。1889年に完成したフランスのエッフェル塔は、**錬鉄**＊が使用され、1878年完成のスコットランドの旧テイ橋も全長3160m、鉄材重量10,500トンの長大橋でしたがすべて錬鉄が使われました。これに対して、製鉄産業の急速な発展によってヨーロッパに急追するアメリカでは、構造用材料としてヨーロッパより早く鋼が使用されました。世界で最初に鋼を大規模の用いた橋は、1874年にアメリカのセントルイスに完成した**イーズ橋**でした。

▲イーズ橋（1874年、アメリカ・セントルイス、提供：加藤正晴氏）

アーチリブに3000トンの鋼材が使用されている。

＊**錬鉄**　炭素の含有量が少ないのが特徴で、鋳鉄よりも堅く建造物に向いている。鉄鋼の大量生産が行われる以前の19世紀には鉄道のレールや高層建築などに使われた。

1-8 錬鉄から鋼へ

この橋は3径間のダブルデッキの上路アーチ橋で、鋼・錬鉄混用ですが、アーチリブに2390トンの鋼が使用されました。

吊橋では、1883年に完成したニューヨークの**ブルックリン橋**で、14,700トンの鋼が使用されており、この中には、亜鉛メッキ被覆の鋼ワイヤーも含まれます。

イギリスでは、強風によって落橋したスコットランドの旧テイ橋が、26,000トンの鋼材を用いて1887年に架け直されています。やはりスコットランドに1890年に完成した**フォース鉄道橋**は、パイプ断面のカンチレバー橋で、56,000トンの鋼材を用いた本格的な鋼構造物の第一世代を代表するものです。

▲ブルックリン橋
（1883年、アメリカ・ニューヨーク）

亜鉛メッキを施した鋼線ケーブルを使った近代吊橋の第一号。鋼ワイヤーを含み1.5万トンの鋼材を使用している。

▲フォース鉄道橋
（1890年、イギリス・スコットランド）

鋼材56,000を使用した鋼橋第一世代を代表する橋。

1-8 錬鉄から鋼へ

■ 19世紀の鉄材「錬鉄」

わが国で、鋼を用いた最初の橋梁は、鉄道橋では、1889（明治22）年に建設された東海道線の天竜川、大井川、富士川橋梁で、鋼・錬鉄混用の200フィート（60m）のワーレントラスで、道路橋では、1897（明治30）年に建設された隅田川の旧永代橋です。

造船や機械では積極的に使用された鋼材でしたが、橋梁分野においては、その切り替えはかなり慎重でした。1880年代までは、信頼性の面から多くの使用上の制約がつけられ、錬鉄にくらべて生産コストがはるかに安価であっても、鋼材が競争力を失う時期もありました。しかし、徐々に錬鉄から鋼への切り替えは進み、19世紀末には、橋梁構造としては錬鉄は過去の材料となりました。

▲旧永代橋（1897：明治30年、東京、国内初の鋼道路橋、土木図書館蔵）

最大スパン67.4mの曲弦トラス、関東大震災で被災し現在の橋に架け替えられた。

材料	名称	年代 1870	1880	1890	1900
錬鉄	マリア・ピア橋（1877）		○		
	旧テイ橋（1878）		○		
	ガラビ橋（1885）			○	
	自由の女神像（1885）			○	
	エッフェル塔（1889）				○
鋼	イーズ橋（1874）	○			
	ブルックリン吊橋（1883）		○		
	新テイ橋（1887）			○	
	フォース鉄道橋（1890）			○	
	タワーブリッジ（1894）				○
	天竜川橋梁（1888）			○	
	永代橋（1897）				○

▲錬鉄から鋼への移行期の主要構造物

世界初の鉄製蒸気船再生プロジェクト

　グレイト・ブリテン号は、幕末の日本に黒船が来航する10年前の1843年にイギリスで建造された、世界で最初の鉄製蒸気船です。鉄板をリベットで組み合わせて建設する橋梁と同じ技術を使って、土木技術者の手によって建造されました。

　3675トン、全長97mの船体は、当時最大でした。この船は、イギリス西海岸の港町ブリストルでドライドック設備と共に、永久保存されています。

▲係留されているグレイト・ブリテン号

　北米航路に就航したグレイト・ブリテン号は、リバプール・ニューヨーク間を片道14日間で結び、多くの旅客や貨物を運搬しました。シャンデリアきらめく1等旅客のダイニングサロンは、航海の間の紳士淑女の社交の場でした。

　この後、イギリスから大西洋、南アメリカ大陸南端を経てオーストラリアに至る片道60日の航路に就航し、合計25万人ものオーストラリア入植者を運んだといわれています。

　建造30年を経て、貨物船に改造されたグレイト・ブリテン号は、リバプールからアメリカの西部開拓に沸くサンフランシスコまで石炭を運搬しました。さらに10年が経過し、老朽化が目立ち始めたこの船は、南米フォークランド島付近で大きな損傷を受けました。

　島に係留されたこの船は、以後40年以上にわたって羊毛などの貯蔵倉庫として使われました。しかし、腐食が進み倉庫としても使い物にならなくなると、ついに海辺に打ち捨てられました。このとき、栄光の進水から94年の時間が経過していました。

　朽ちるに任せてさらに30年が経過する頃、この歴史的な船を生まれ故郷に戻そうというプロジェクトが動き出しました。変わり果てた姿の船体が台船に載せられて大西洋を横断し、設計者ブルネルの建設したクリフトン吊橋の下をくぐり、建造されたドックに戻ったのは、進水後127年目のことでした。

▲復元されたラウンジ

　物に愛着を感じ、大切に思う心は、物を生み出した人々の営み、つまり歴史を大切にするということです。このグレイト・ブリテン号修復プロジェクトはまさにこれを地でいくものです。

1-9 20世紀以降の橋梁建設

　20世紀に入ると橋梁技術は、スパンを伸ばすと同時に、構造形式とその用途を多様化する方向で発展しました。

■ ケーブル構造の発展

　世界的に見るとスパンの長大化の傾向は、いずれの構造形式でも共通にみられますが、特に吊橋、および20世紀後半から出現した**斜張橋**や、**プレストレスト・コンクリート橋**など、ケーブルを用いた構造形式の橋において顕著な傾向があります。

　吊橋のスパンの増大は、近代吊橋の出発点となった1883年建設のアメリカのブルックリン橋の延長上にあるといえます。その後の耐風設計を中心とする設計技術の発達に加えて、鋼材の高強度化、架設設備、機器類の高性能化などによって規模の拡大をはかり、現在につながる長大橋時代につながりました。

　1940年に風による振動を原因として発生したアメリカのタコマ・ナローズ吊橋の落橋をきっかけに、風力下の吊橋の挙動の解析と動的耐風安定性技術の発達により、ゴールデンゲート橋の完成から27年後の1964年に、スパン1,298mのベラザノ・ナローズ橋が完成しました。

　この後、吊橋の最大スパンは、1981年にスパン1,410mの流線型箱桁断面をもつイギリスのハンバー橋に引き継がれました。

　わが国の本格的な吊橋建設は、1962（昭和38）年に完成したスパン367mの若戸大橋（北九州）から始まりました。これに次いで、関門橋が1973（昭和49）年に完成し、スパンは一気に2倍となりました。1988（昭和63）年に完成した瀬戸大橋の南備讃瀬戸大橋では、スパンは1kmを越えて1,100mとなり、1998（平成10）年に世界最長スパン1,910mの日本の**明石海峡大橋**が開通しました。

▲明石海峡大橋（1998年、兵庫県）

全長3,911m、中央スパン1,991mの世界最長スパンの橋。1986（昭和61）年着工、1998（平成10）年竣工した。

第1章　橋の歴史とその文化

1-9　20世紀以降の橋梁建設

斜張橋は、吊橋とならんでスパンの長大化に貢献しました。斜張橋は、旧西ドイツや東欧で20世紀中ごろ以降建設が始まりました。デュッセルドルフのライン川には、1957年にスパン260mのテオドール・ホイス橋が架けられ、以後数多く斜張橋が建設されました。

わが国では、1966（昭和41）年に建設された麻耶大橋（兵庫）が本格的な斜張橋の最初でした。この後、20世紀末から21世紀にかけて、スパンを増加させる斜張橋が国内外で次々と建設されました。

横浜ベイブリッジ（横浜、1989年、410m）、鶴見つばさ橋（1993年、510m）、中国の揚浦大橋（1993年、602m）、青州閩江大橋（1996年、605m）、フランスのノルマンディー橋（1995年、856m）、本四架橋の多々羅大橋（1999,890m）、中国の昂船洲橋（2009年、1018m）、蘇通大橋（2008年、1,088m）、そしてロシアのルースキー島連絡橋（2012年、1,104m）と、わずか20年ほどの間に、3倍近くにスパンが伸びました。

この間、斜張橋は、構造の合理性とともに、桁、テーブル、塔の直線を基調とするシャープな形状から、一般的な街中の道路橋や、歩道橋などでも多く採用されるようになりました。

コンクリートにＰＣ鋼線でストレスを加えるプレストレスコンクリートも20世紀以降の橋梁技術を特徴づける工法です。**プレストレスト・コンクリート橋**の工法は、1928年にフランスのフレシネーによって開発され、20世紀後半に入り急速に発展を開始しました。

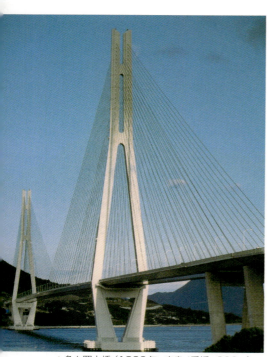

▲多々羅大橋（1999年、広島/愛媛、890m）

日本最大の鋼・コンクリート複合構造の斜張橋。

1-9 20世紀以降の橋梁建設

　国内では、1951（昭和26）年に石川県七尾市で、国内最初のプレストレスコンクリート橋の長生橋が建設されました。西ドイツでは、1952年に、スパン114mのニューベルン橋がライン川に架設され、以後世界的に建設事例が増加しました。

　エクストラドーズド橋は、それ以前のプレストレスト・コンクリート橋では、桁内に収めていたPC鋼線を桁の外に配置して大きな偏心をとることで、支間距離を伸ばした形式です。1994（平成6）年にスパン122mの小田原ブルーウェイブリッジが架設され、以後各地で建設されるようになりました。

▲秩父橋（1985年、埼玉）
逆Y形のRC塔から鋼桁を吊った複合斜張橋。

▲クイーンズフェリー連絡橋
（2017年、イギリス・スコットランド）
フォース鉄道橋（1890年）の塔頂からの全長2,700m、中央スパン650mの斜張橋の眺望。手前はフォース道路吊橋（1964年）。

▲小田原ブルーウェイブリッジ
（1994年、神奈川県）
中央スパン122m、橋長270mのエクストラドーズド橋。

1-10
橋のデザインと景観の意味

土木構造物の橋に対して、デザインや景観に対する必要性は、これまで数多く主張され、実際の構造物の建設で実践されてきました。

■ 橋の基本的な機能

耐久性、安全性、機能性などの要求性能に対して、橋のデザインや景観といった文化的側面については、必ずしも普遍的な要求性能として認知されているとは言い難い面もあります。しかし橋のデザインや景観を考慮することは、近年、全国各地で長年にわたって、もっぱら交通の利便性確保の役目を担ってきた歴史的な橋を、なんとか遺せないかといった声が出てくることとも通じるものがあります。

土木構造物としての橋の基本的な機能は、効率的かつ安全に障害物を越えて交通を確保することであり、その建設、維持は公費によってまかなわれるために、さらに経済性が問われてきました。これまで橋に対して追い求めてきたことは、安全で長持ちのする橋を経済的、効率的に実現する技術でした。

一方では、橋に対する社会ニーズが、安全性、経済性、効率性といった従来の枠を越えつつあることを認識することは、橋のデザインの意味を考えるために大切なことです。

■ インフラストラクチャーとしての橋

橋をはじめ道路、鉄道、ダム、堤防といった土木施設は、災害から人々の生活を守るという人々の生存、利便性確保の手段の域から、さらに人々の精神的な快適性まで関与をするものです。この場合、橋のデザインや、歴史・文化的側面が大いにかかわりをもつことになります。つまり、橋を建設し、その維持をするということは、社会の利便性に寄与することと同時に、橋が建設され供用される地域社会の文化にも関わるということになります。

塩野七生の『ローマ人の物語Ⅹ』によれば、道路を建設し、セメントを発明し、アーチ橋を架け渡したインフラの父ともよぶべき古代ローマ人は、肝心なインフラストラクチャーという言葉を持たなかったそうです。なぜかと調べて探し当てた言葉が、「人間が人間らしく生活をおくるために必要な大事業」ということに行き当たったそうです。

インフラストラクチャーとは、人々の生活に必需な衛生的で十分な量の水を確保し、帝国の隅々まで交通、通信網をいきわたらせることにとどまらず、それらを使い

込むことを通じて人々の快適性や文化の領域まで関わるものであったことを示しているのです。橋のデザインとその景観は、この部分にかかわりを持ちます。

▲サンタンジェロ橋（BC134、イタリア・ローマ）

ハドリアヌスによって建設されたスパン18m、5連の石造アーチ橋。
16世紀末に10体の天使像が据えられた。

▼サンタンジェロ橋（BC134、イタリア・ローマ）

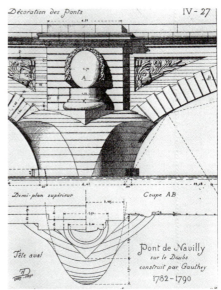

▲18世紀末の石造アーチ橋のスパンドレルのデザイン（1782～1790年）

ナヴィリー橋（フランス、ブルゴーニュ、現存）
各部のデザインの図面

1-11
事例に見るデザインの見え方

　道路橋や鉄道橋と比べて荷重条件や耐久性の条件が緩く、人との直接の接点の多い歩道橋の設計において、使用性向上を目指すユニバーサルデザインや、景観、快適性などユーザーの感性に関わる挑戦的な試みが目立ちます。国内では、公園や街中の歩道橋や鉄道駅前のペデストリアンデッキで意匠を凝らした事例を目にします。

■ レオポルド・サンゴール歩道橋

　海外の例を見てみると、パリのセーヌ川にかかるレオポルド・サンゴール歩道橋は、ミレニアム記念として架けられた橋です。この場所にかつてあった貧相な歩道橋に代わって、ルーブル博物館前の歩道橋の芸術橋とともに、河畔散策ルート、あるいはセーヌの景色としてわずか10年で周囲に定着した感があります。

　一見すると上路式アーチ橋に見えますが、スパン中央で交わる上下2層の路面のある橋で、上層路は、ヴァンドーム広場からチュイルリー公園を経て、オルセ美術館へとつなぐのに対し、アーチリブに沿ってステップが付けられた下層路は、川岸に沿った歩道を結んでいます。幅員は13mで、アーチスパンは106m、橋長は140mです。

▲レオポルド・サンゴール歩道橋（2000年、フランス・パリ）
オルセ美術館前のセーヌ川に架かる千年紀（ミレニアム）記念の橋。路面は木製で上下2層ある。

■ミレニアム橋

　一方、ロンドンのミレニアム橋は、浅く張られたケーブルを用いた吊橋形式の歩道橋で、横から見ると全体に細長く、繊細で軽快感にあふれる橋です。V型の低い塔から両側に開いて張られたケーブルは、通行者にとって開放感と広い視野を提供しています。

　シティー近くのテムズ川北岸に位置するセントポール寺院界隈とその南岸にある旧発電所を美術館に改造したテート・モダンを結ぶ人通りの絶えることのない都市橋梁です。

　橋をわたる人々は、上流側には国会議事堂のビッグベンと巨大な観覧車のロンドンアイ、下流側にはロンドン塔や、タワーブリッジを見渡しながら散策を楽しむことができます。

　このミレニアム橋は、女王陛下の渡り初めによる開通直後に、歩行者の振動で桁の横揺れが発生し、かなりの長期間にわたって開通延期となった事件がありました。この後、ダンパーなどを仕込むなどのかなりの手入れや補強が行われました。実は、このミレニアムブリッジのトラブルの陰に隠れて目立ちませんでしたが、パリのレオポルド・サンゴール歩道橋も橋が横揺れするというトラブルがあり、同様に補強がされました。

　デザインという文化性を追及する過程で、安全性、使用性の問題が発生したこの2000年記念の橋の事例は、インフラ構造物のデザインと実利の議論のよい題材を与えてくれました。トラブルに対する反応によって図らずも市民の新たな橋のデザイン、文化財としての価値に対する意識が浮き彫りとなりました。

　ロンドンのミレニアム橋では、一部の構造専門家の間では、デザイン優先は本末転倒であるとの指摘もありました。しかし全般的な社会のこのトラブルを大きな寛容をもって受け止められました。これは安全性、使用性などの橋の基本機能と、デザインのもたらす文化的側面はどちらも大切であるという意識の表れとみることができます。これがインフラストラクチャーとは、人々の生活の必需品にとどまらず、文化の領域まで関わるものであり、橋のデザインはこの部分にかかわっているということを示しています。

1-11 事例に見るデザインの見え方

▲ミレニアムブリッジの桁下

▲ミレニアムブリッジ
（2000年、イギリス・ロンドン）

▲ミレニアムブリッジ*
（2000年、イギリス・ロンドン）

テムズ川北岸のセントポール寺院付近から対岸の新テートギャラリーをつなぐ。

＊ミレニアムブリッジ　ロンドンのテムズ川に架けられた歩道橋。2000年に完成したためこの名前が付いた。イギリスの再開発事業（ミレニアム事業）の一環として建設された。

■ゴールデン・ジュビリー橋

ロンドンのミレニアム橋からテムズを少し上ったチャリングクロス駅のところに、ゴールデン・ジュビリー歩道橋があります。テムズ川のすぐ北側に位置するチャリングクロス駅は終着駅でドーバー方面からロンドンに入る列車は、直前に鉄橋をゆっくり渡って駅に到着します。この鉄橋が、1864年に建設されたハンガーフォード鉄道橋です。この年は日本の年号では元治元年で、将軍家茂の時代でイギリスを含む4国艦隊が下関を砲撃した年です。

この鉄道橋の両側に、その橋脚を利用して、建設されたのがゴールデン・ジュビリー歩道橋です。鉄道橋が、無骨なトラス桁であるのと対照的に、白い塔と、斜めに張られた鋼棒で、薄い桁が吊られた瀟洒な歩道橋です。橋桁は平均スパン長が50mほどの厚さ65cmのRC床版桁で、全長316mにわたって連続しています。

歩道橋を既設桁に隣接して設置する場合、既設橋との位置関係によって現出される見え方は非常に大切です。橋のデザインとは単体によるものではなく、周辺と一体となっているからです。

この橋の場合、既設桁と間隔を置き、少し低い位置に配置された薄い桁は、既設桁の側面にまとわり付くように覆った多くの歩道増設事例の失敗を繰り返していません。既設構造へどのように手を加えるかを新しい機能の観点から工夫することは非常に重要なことです。

この歩道橋も、ミレニアム記念事業の一環として建設されたもので、テムズ南岸のウォータールー駅や、ロイヤルフェスティバルホール付近と、北側のチャリングクロス駅、トラファルガー広場をつなぐものです。完成は2002年ですが、エリザベス女王の即位50周年を記念してゴールデン・ジュビリー橋と命名されました。

▲ゴールデン・ジュビリー歩道橋の橋面
（2002年、イギリス・ロンドン）

▲ゴールデン・ジュビリー歩道橋の桁下

1-11 事例に見るデザインの見え方

■ ハペニー橋

アイルランドの首都ダブリンには、西から東にリフェイ川が流れ、この川に架かるのが歩道橋のハペニー（ハーフ・ペニー）橋です。この橋は鉄の橋が架け始められた初期のもので、1816年にイギリスで製作されました。もとの橋名は、ウォータールーの戦いでナポレオンを破ったイギリスの将軍ウェリントンの名をとって付けられていました。

イギリスのコールブルックデールで鋳造された橋の部材は、海路ダブリンに運び込まれ、リフェイ川を遡って現地で架設されました。19世紀の初めに建設されたとは思えないほどの近代的なデザインで、橋上にはエレガントな鉄造りの照明灯が取り付けられています。2000年紀の記念橋、ミレニアムブリッジがこのハペニー橋の西隣に架けられましたが、約180年もの時代を隔てた両橋の間に年代の差はまったく感じません。

▲ハペニー橋（1816年、アイルランド・ダブリン）
ダブリンのリフェイ川に架設された初期の鉄の橋である鋳鉄歩道橋。

▲ハペニー橋（1816年、アイルランド・ダブリン）

1-11 事例に見るデザインの見え方

■ ファーカルク・ホィール

　障害物を越えて物を移動する施設という意味では橋の仲間になります。地域再生プロジェクトの一環として架けられたグラスゴウ近郊にあるファーカルク・ホィール*という運河橋です。自然の中の風景というよりも、構造の特殊性からそれ自体の造形として極めて強い主張があります。

　高さの違う運河の間に、船を行き来させるには、閘門を設置して落差を上り下りします。いくつかの水門で仕切られたプールの水位を次々に調節しながら、階段状に上り下りする仕組みです。しかし、この他にも高さの違う運河の間に船を通す方法があります。船を浮かべた運河用の橋桁もろとも、一気に昇降させる仕掛けで、これがこのファーカルク・ホィールです。船を運河の行き止まりの橋桁上に曳きいれて水門を閉めます。

　大きな車輪に組み込まれた橋桁は、そのまま回転して下の運河まで下ろされます。スコットランドの2大都市のグラスゴウとエジンバラは、18世紀から交通の動脈として運河で結ばれてきました。人々の移動はもちろん、鉄道が整備された19世紀半ば以降も、鉄鉱石や、ウイスキー、穀物をはじめとした食物、雑貨などあらゆる物資がこの運河で輸送されました。しかし、20世紀後半に入り、高速道路の整備が加速されるにつれて運河は次第にさびれ、1960年代には、閘門は動かなくなり、橋は壊れ、打ち捨てられた船や、ゴミのたまった「ドブ川」と化してしまったといわれています。

▲ファーカルク・ホィール
（2002年、イギリス・グラスゴウ/エジンバラ）

11基の旧閘門に代わり運河航行の船の昇降装置として建設された。

▲回転中のファーカルク・ホィール

*ファーカルク・ホィール　スコットランドのユニオン運河とフォース＆クライド運河をつなぐ橋。運河ごと船を高く持ち上げることで、高さの異なる運河間で船の行き来ができる。

1-11　事例に見るデザインの見え方

　2000年を迎える数年前からこの運河全体をミレニアム・リンクとして再生させるプロジェクトが立ち上がり、整備が急速に進みました。これはインフラストラクチャーの新しい機能に対する社会のニーズに応えたものです。

　エジンバラから来るユニオン運河と、グラスゴウから来るフォース＆クライド運河が出合う箇所は、35mもの落差があり、かつては1.5kmの長さにわたって11基の閘門があってこの落差を吸収していました。この落差を一気に昇降させるのが2002年に完成したこのファーカルク・ホイールです。

COLUMN　運河閘門の仕組み

　運河閘門(うんがこうもん)は、舟を曳き入れる長さ20m程度プールのような水面とその両側をふさぐ水門で構成されます。舟が斜面を上るときは、閘門に舟を曳き込み水門を閉め、その上側と同じ高さとなるまで注水されて舟は上昇します。注水が終われば上側の水門を開いて舟は閘門を出ていきます。水門は、鉄で縁取りがされた木製で、両開き戸のものが一般的です。閉じているときは、戸の上側の溝にバランスビームと呼ばれる頑丈(がんじょう)な門(かんぬき)が挿入されて、水圧に抵抗します。

　天気の良い季節には、ナロウボートと呼ばれる運河専用の細長い舟が、ゆったりと運河をすべっていき、閘門のところで舟から降りた人が自分で水門を開閉する光景を見かけます。

▲ミレニアム運河の閘門（スコットランド）

第2章

橋の構造と仕組み

橋は、人や自動車、電車などが通る上部工といわれる部分と、この上部工を支える橋脚、橋台といわれる下部工によって構成されています。街中や山間部で目にする橋のすべての部分の姿かたちは様々で、それぞれが個性的です。本章では、橋の上部工の種類とかたち、その特徴、そして橋を構成する各部の仕組みについて説明します。

2-1
橋の分類方法

橋を分類するにはいくつかの方法があります。最も一般的な方法は、橋を構造形式別に分類する方法です。

■ 橋の構成部分と名称

橋は、それがある場所に応じて、長さや幅などの構造物の大きさが異なり、それを形作る材料も鋼もあれば、コンクリートのものもあり、いろいろです。橋を通るモノも、自動車や電車もあれば、歩行者専用のもの、あるいは水、ガス、石油などの配管を渡す橋もあります。

■ 構造形式による分類

構造形式とは、障害物を越えて空間を確保するという橋の基本的な仕組みの形式で、その違いは橋の姿かたちの違いに現れます。短い空間を越える場合と、長い空間を越えるのでは、異なった橋の仕組みが必要で、この違いが姿かたちとなっています。このため橋を分類する場合、構造形式による方法は、視覚的に最も識別が容易です。

溝や小河川を渡る橋の構造形式は、最も単純は構造形式として梁構造の桁橋（箱桁・鈑桁）や床版橋に分類され、長いスパンを確保する構造形式としては、ケーブルを用いた**吊橋**や**斜張橋**として分類されます。円弧部材を主部材とする橋として分類される**アーチ橋**や、三角形を組み合わせた部材をもつトラス橋は最も一般的な橋のイメージかもしれません。フレーム構造の

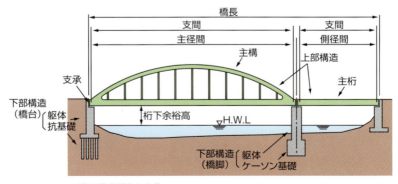

▲橋の構成部分と名称

ラーメン橋という分類もあります。

橋の分類方法として、その橋の目的、用途による方法もあります。自動車を通す道路橋や、鉄道のための鉄道橋、歩行者専用の歩道橋、水、ガス、石油などの配管橋、さらにはモノレールを通す橋のように、用途、すなわち橋の目的によって種類を分類する方法です。

■ **使用材料による分類**

材料による方法は、その橋の建設に使われる材料によって橋の種類を分類する方法です。**鋼橋**（こうきょう）や**コンクリート橋**が最も多数を占めますが、この他例は多くはありませんが、アルミニウムのような非鉄金属や、FRPなどの新材料などによる分類もあります。複数の材料、特に鋼とコンクリートの組み合わせである**複合、混合構造**として分類もされます。

この他、橋が動くかどうかで区分する可動橋として分類する方法や、橋の支持形式、床版の形式および自動車などの通る路面の位置などによっても分類されます。

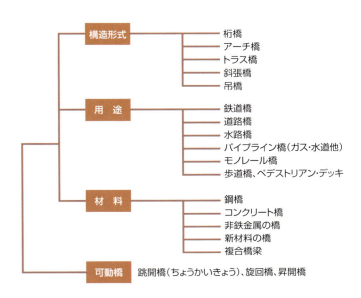

▲ 橋梁の分類方法

希少種の橋……トランスポーター橋

　橋の仲間の中で珍しい種類の一つが、トランスポーター橋です。別名フェリーブリッジ とも呼ばれています。川の両岸の塔で支えられて河川上に架け渡されたトラス桁からケーブルで吊り下げられたゴンドラが、川の両岸を行き来することで人や車を運ぶ仕掛けです。一種の可動橋といえます。船舶の航行の多い河川で、水運を妨げずに渡河する方法として、主に19世紀から20世紀初頭の欧米で建設されました。

　現存するトランスポーター橋は、世界中でわずか10橋未満となっており、希少種の橋といえます。この中で、スペインのビルバオにあるビスカヤ橋は世界遺産に指定を受けたトランスポーター橋です。桁長は164m、水面からゴンドラを吊る桁まで45mあります。1893年に建設されましたがその後桁やケーブルが補修されています。

▲ビスカヤ橋（スペイン）

1893年建設のビスカヤ橋は世界遺産に指定された。

2-2

桁橋

橋の種類の中で、最も単純なものは、桁橋（ガーダー）と呼ばれるもので、棒状（床版橋の場合は板状）の梁または版を各支点で支えた構造です。

■ 桁橋の力学

原始的な方法では、丸木を倒して小川に架け渡したり、平板な自然石を敷き渡したりするだけで短い障害物を越える橋が架けられてきました。大きな河川でも川中に多数の支点を設けることによって、桁橋を架け渡すことができます。

近世以前の日本に橋は、木造によるこの桁橋がほとんどでした。現在では鋼やコンクリート、あるいはこれらを組み合わせた桁を鋼やコンクリート、あるいは古くは石積の橋脚、橋台が支えています。

両端を支えられた単純桁に上から力がかかると、支点に反力が発生し、この反力と上からの力が、偶力として桁に作用して桁を下向きに曲げようとする力が働きます。

このとき、桁の内部では、桁の上側では梁の材料を押し付けようとする圧縮力が、下側では押し広げようとする引張力が働いて、桁を曲げようとする力とつり合いを保つように抵抗します。同時に、桁にかかる下向きの力は、両端の支点に向けてせん断力を桁に発生させながら伝達されて、支点から地面へと伝えられます。

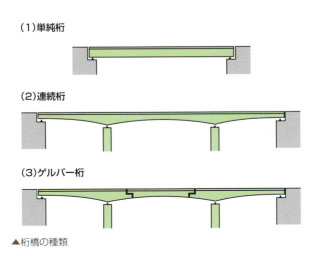

▲桁橋の種類

2-2 桁橋

■ 桁橋に作用する力

桁橋は、桁の連続性によって単純桁、連続桁、ゲルバー桁と分類されます。**単純桁**は、桁を2点で支えたスパンを1つもつものですが、**連続桁**は、3つ以上の支点によって連続した桁を支持するものです。中間支点では、桁の曲げようとする力が、桁の中央部と逆転して、桁の上側が引張力、下側が圧縮力が作用します。

これに対して**ゲルバー桁**は、連続桁と同様に3つ以上の支点によって桁が支持されますが、桁は連続ではなく途中に切れ目が入っています。桁がつながっていないので、この箇所では桁を曲げようとする力が発生しません。

ゲルバー桁は、地盤が良好でない条件で将来地盤沈下などの可能性がある場合、支点移動や沈下で、桁への曲げモーメントの付加の影響を避けるために採用されます。

■ 石材による桁橋

桁橋は橋の中でもっとも多い形式ですが、構造が単純であることから古くから採用されてきた形式です。桁橋に使用された材料としては、石材があります。石材は圧縮に対して強く、耐久性の優れた材料ですが、引張力に弱い性質があります。このため、石は引張力の発生する桁橋の材料としては不向き材料であり、石材による桁橋はごく簡単な短いものに限られ、国内最大規模の石造桁橋のスパンでも3m足らずです。

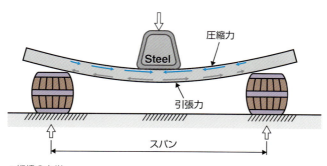

▲桁橋の力学
桁の内部では上側で圧縮力、下側では引張力が発生します。

2-2 桁橋

◀石桁の梅檀橋（1924：大正13年、佐賀）
石造桁橋としては国内最大級。現在でも公園入口で一般の歩行者、自転車が通行できる現役の橋。

■ コンクリートの桁橋

コンクリートも石と同じ引張力よりも圧縮力に強い材料ですが、引張力が作用する側に鉄筋を埋め込んで引張力を鉄筋で取らせるのが普通です。これが**鉄筋コンクリート構造**です。

プレストレスト・コンクリートの場合は、引張側に鋼ワイヤーを埋め込んで緊張させることで、あらかじめストレス（圧縮力）を導入します。この導入された圧縮力は、上から力がかかることで発生するコンクリートにとって苦手な引張力を打ち消すように作用します。今日、コンクリートの桁橋では、**プレストレスト・コンクリート桁**が主流です。

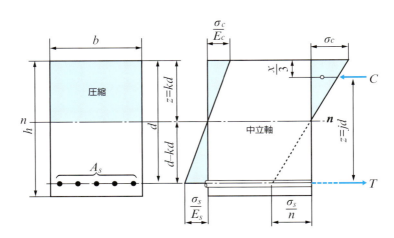

▲鉄筋コンクリート桁の仕組み
桁の下側で発生する引張力は鉄筋で負担する。

2-2 桁橋

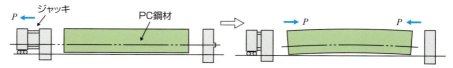

PC鋼線を緊張してコンクリートを打設し（左）、コンクリート硬化後に緊張を解放してストレスを導入

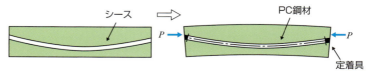

シース（管）を配置してコンクリートを打設し（左）、シース内にPC鋼線を挿入・緊張でストレス導入

▲プレストレスト・コンクリートのストレス導入
プレストレス導入の時期の違いによってプレテンション桁（上側）とポストテンション桁に分類される。

■ 最適な桁橋の材料

鋼は材料の性質が圧縮、引張のいずれにも抵抗でき、その強度も石や木に比べて数倍から10数倍も大きいことから、桁橋の材料としては最適な材料です。また、鋼は加工がしやすいことから、桁の断面の形を作ることも容易であり、桁橋の材料として鋼は、鉄筋コンクリート、プレストレスト・コンクリートと共に広く使われています。

■ 設計上の重要なポイント

桁の形状は、材料の強度とともに、その桁の強度に影響を与えます。このため桁の形状をどのようにするかということは、桁橋の設計上重要なポイントです。同じ断面積でも中立軸よりもできるだけ上下方向に向けて遠くに配置することで桁の強度が増します。

▲初期の鉄桁の断面形状

これが鋼桁やコンクリート桁の形状がI形や箱形となっている理由です。これらの断面の形は、19世紀の中頃の錬鉄の時代から用いられています。19世紀中頃のイギリスで、ロバート・スチーブンソンによって最初の大規模な箱桁橋がメナイ海峡を渡る箇所に架設されました。この箱桁は鉄道橋で機関車が箱の内部を通行する大きな断面の箱桁でしたが、1970年の火災で損傷を受けて架け替えられました。

桁橋の中でもI桁（プレートガーダー）は、比較的スパンの短い鉄道橋や道路橋として一般的な形式です。2本以上のI形の桁を相互に対傾構、横構で連結して、箱形に組み立て、この上に鉄筋コンクリートの床版がのります。

▲パイプフランジの桁橋
（19世紀中頃、イギリス・ブリストル）
I.Kブルネルの設計。現在も現役の橋として使われている。

▲旧ブリタニア箱桁橋（1850年、イギリス）
桁高9.1mの箱桁が4スパン架けられていた。R.スチーブンソン設計。1970年の火災により撤去された。

2-2 桁橋

I桁に対して箱桁は、より長いスパンの橋へ適用されます。川崎・木更津を結ぶ東京湾アクアラインの橋梁部は、この事例の一つで、床版の部分も鋼構造の連続桁箱桁です。また、曲線の入った平面線形では、I桁よりもねじれへの抵抗力が強い箱桁が適用されます。特に複雑な都市部の高架道路やランプ桁では、箱桁が多く採用されています。桁橋の中でも箱桁は、今日では最も一般的な橋の形式となっています。

桁橋は、道路や鉄道以外にも広く使用されています。昭和40年代より新たな都市交通手段として普及が始まったモノレールや新交通システムの橋も、桁橋が多く使われています。さらに、鉄道駅前の再開発として昭和50年代以後、全国で建設された、歩行者専用のペデストリアンデッキも桁橋の一種です。

▲東京湾アクアライン橋梁部
（1997年、東京/千葉、最大スパン240.0m）

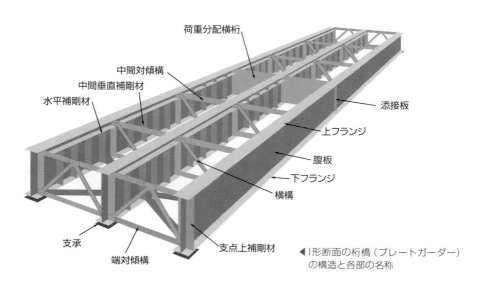

◀I形断面の桁橋（プレートガーダー）の構造と各部の名称

2-2 桁橋

千葉都市モノレールの桁▶
（1988：昭和63年、千葉）

下側が開いた箱桁構造でスパン30m前後の連続桁。

歩行者専用の通路、滞留機能をもつ施設。構造形式としては桁橋である。

▼仙台駅西口駅前のペデストリアンデッキ*

第2章　橋の構造と仕組み

＊ペデストリアンデッキ　都市再開発の一環として鉄道駅前広場の上空に設けられた歩行者専用の空間。

2-3 アーチ橋

橋の姿かたちから、アーチ橋を識別することは、最も容易です。これはアーチの形状そのものが橋のイメージとして定着しているからです。

■ アーチ橋の構造

アーチ橋の構造の中心は、なんといっても**アーチリブ**です。このアーチリブの両端を水平につないで桁があります。アーチリブを**上弦材**、桁を**下弦材**、**補剛桁**と呼びます。アーチ橋のタイプによっては、タイ材と称することもあります。アーチと桁をつなぐ部材を、アーチで桁を吊る、という役割から**吊材**と呼びます。このように構成されたアーチの面を橋の幅員の両側に配置して、相互を支材、横構や床桁でつなぎます。床桁の上に床版を置いてその上が道路面となります。

■ アーチ橋のいろいろな形式

アーチ橋はその姿形と構造の特徴からいろいろな形式に区分されています。アーチリブが、アーチ両端を結ぶ水平な桁に比べて、やや華奢なものが**ランガー桁**と呼ばれるアーチ橋です。

ちょうど桁橋にアーチが追加された感じです。ランガー桁のアーチは、軸力のみを受け持ち、曲げモーメントについては、桁に負担させる仕組みで設計された桁橋とアーチの中間的なものです。1934（昭和7）年に完成した総武線隅田川橋梁は、このランガー桁です。

▲アーチの構造と各部の名称

ローゼ桁と呼ばれるアーチも、水平な桁の部分で曲げモーメントを負担させますが、アーチリブは、ランガー桁に比べると、よりしっかりした断面で出来ています。ランガー桁とタイドアーチの中間に位置する形式です。

これらに対して、**タイドアーチ**と呼ばれるものは、アーチリブが水平の桁よりもはるかに太い部材でできていて、このアーチリブで橋に軸力に加えて曲げモーメントも負担する構造になっています。

一方、**ニールセンローゼ桁**は、アーチと桁をつなぐ部分にケーブルが採用された新しいタイプのアーチ橋です。この形式は1960年代以降多く建設されるようになったものです。ケーブルを斜めに綾格子状に張ることで、従来のアーチ系の橋とは、異なった姿かたちを創り出しました。1997（平成7）年にリニア実験線に架設された山梨県の小形山架道橋はこの形式のアーチ橋です。

■ **路面位置による区分**

古来より多数建設されてきた石造アーチは、路面がアーチの上にある**上路式**でしたが、鉄鋼材料が使われるようになると、アーチリブを一つの部材として構成することが容易となり、アーチが路面より上にある**下路式**が多くなりました。

上路橋は、橋を通行する人にとってもアーチや橋の姿かたちを目にすることになり、利用者の視点からの橋の存在感は、より大きくなりました。構造的には、アーチリブの両方の支点を水平の部材でつなぐことで、両支点に反対向きに作用する水平反力を打ち消すことができます。

これがすなわち**タイドアーチ**と呼ばれるもので、両支点が繋がれた（タイド；tied）アーチです。大阪の**十三大橋**はアーチリブがトラスで補剛された（ブレース；braced）タイドアーチの事例です。

JR総武線隅田川橋梁▶
（1932：昭和7年、東京）

わが国最初のゲルバー式ランガー桁。

COLUMN バランスドタイドアーチ

バランスドタイドアーチとは、一般には、中央径間のアーチと側径間を連続させた構造で、中間支点の水平力や曲げモーメントをキャンセル（バランス）させるという意味から呼ばれる構造形式です。

中路アーチの連続形式では、中央径間のアーチの桁をそのまま伸ばして、側径間の半アーチと桁端部で結合します。この場合、中央径間のアーチの水平力と、側径間側の半アーチの水平力が支点上でキャンセルされ「バランス」することになります。このため橋脚は、水平力が小さくなりスレンダーで済むメリットがあります。

ただ、欧米では、バランスドタイドアーチという表現ではなく、**ショルダーアーチ**（Shouldered arch）、あるいは**カンチレバーアーチ**（Cantilever arch）と呼ばれるようです。アメリカオハイオ州のフレモント橋や、イギリスのランコーン（シルバージュビリー）橋はこの例です。ランコーン橋の場合、短めの側径間を、中央径間の張出架設時には、アンカースパンとしてアーチのスパンと中間支点上でバランスさせています。

タイドアーチを中央径間とし、側径間に桁を張出して連続した構造では、完成系では中間支点には水平反力は出ませんが、架設時には側径間をアンカースパンとして、中間支点での曲げモーメントをキャンセルさせることから、バランスドタイドアーチと呼ぶ場合もあります。

架設時には、側径間を先に施工し、次いで中央径間へとアーチを張り出し、併合後に両中間支点がタイで結ばれることになりますが、中間支点部で曲げモーメントをバランスさせています。永代橋（東京）などをバランスドタイドアーチと呼ぶこともありますが、中央径間のタイドアーチと側径間の張出桁が連続している構造という意味から、カンチレバータイドアーチと呼ぶ方がわかりやすいかもしれません。

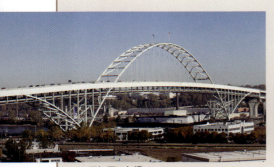
▲フレモント橋
（1973年、中央径間382.5m、アメリカ）

▲架設中のランコーン橋
（シルバージュビリー橋）
（1960年頃、中央径間327.8m、イギリス）

2-3 アーチ橋

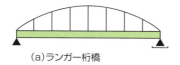
(a)ランガー桁橋

(b)ランガートラス橋

(c)トラスドランガー桁橋

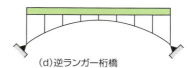
(d)逆ランガー桁橋

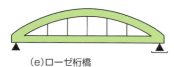
(e)ローゼ桁橋

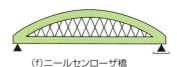
(f)ニールセンローザ橋

(g)ソリッドリブタイドアーチ橋

(h)ブレースドリブタイドアーチ橋

(i)フィレンデール式アーチ橋

▲いろいろなアーチ橋

アーチリブと桁の力学的な関係や、アーチリブのかたちなどから区分がされている。

▲リニア実験線小形山架道橋
（1995：平成7年、山梨県、スパン136.5m）

▲十三大橋（1932：昭和7年、大阪）

スパン64.0m、アーチアーチリブが綾材でブレースされたブレースドリブタイドは、重厚さを感じさせる。

2-3 アーチ橋

■ アーチの挙動と桁の比較

アーチに上から力がかかると、材料の内部では圧縮力が働いて抵抗します。これによって力はアーチを支える両端の地面に伝えられます。このとき、地面に対して、鉛直下向きの力と共に、支点の間隔を押し広げようとする水平な力が作用します。

アーチの挙動を桁と比較してみるとわかりやすくなります。桁に大きな反りを付けて支点を水平方向にも固定するとアーチとなります。上から力がかかると、桁の場合桁を下向きに曲げようとする力が働き、上側に圧縮力、下側に引張力が発生します。

これに対して、アーチの場合は、アーチの軸方向い流れる圧縮力が多く作用します。両端の支点では、桁の場合、垂直方向の力だけを受けていればよかったのに対して、アーチでは、水平方向の力も支えることになります。

石造アーチの架設は、あらかじめ組まれた**迫枠**(せりわく)と呼ばれる木製の支保工の上に沿って迫石を積んで、最後にアーチ頂部にくさび形の要石(キーストーン)を挿入してアーチ環を完成させます。

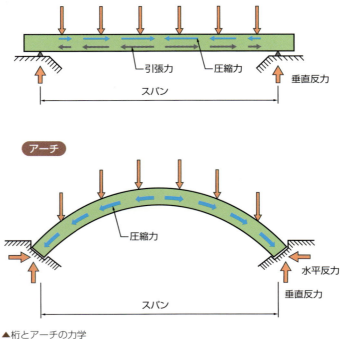

▲桁とアーチの力学

■ アーチの長寿命のひみつ

　石造アーチは支保工を取り外した後、しばらくの間が試練の時です。ヨーロッパでは中世後期以降になって、扁平なアーチが作られるようになると、支保工をはずすと支点に作用する水平力に耐えきれずに崩壊する石造アーチもありました。

　支点は水平方向に徐々にずれて、これに伴ってアーチの中央部は次第に沈下し、やがて全体の崩壊に至ったものです。反り（ライズ）の少ない扁平なアーチほど水平力が大きくなり、施工も難しくなります。

　岩盤のしっかりした場所に建設された石造アーチは、時間とともに自分の重さでより堅牢さを増します。大きな変状さえなければ多少の基礎の移動に対して、自らの形を少し変えてこれを吸収し、安定を保つことができます。

　これが、いまなお2000年以上経過した古代ローマの石造アーチが現役の橋として利用できる理由の一つです。同時に長年耐えてきた石造アーチは取り壊しも容易ではありません。

　材料に圧縮力が作用するということは、引張力に弱い石材にとって好都合な構造です。このため手に入りやすい石を材料とした石造アーチが古代、中世を通じて多く建設されてきたのです。

■ 世界最大のアーチ橋

　材料は石から鋼やコンクリートに変わりましたが、アーチは今日でも盛んに建設される構造形式です。世界最大のアーチ橋は2009年に中国の重慶に架設された朝天門長江大橋で、スパンは552mです。この橋は、2003年完成の中国の上海盧浦大橋のスパン550mを2m越えて世界最長となったものです。ちなみにアーチ橋のスパンが500mを越えたのは1931年完成のアメリカのベイヨンヌ橋の504mでした。

▶布引水源地水道施設
布引水路橋（砂子橋）建設写真
（1900：明治33年、神戸、重要文化財、イギリス土木学会蔵）

支保工上で長さ19.2m、幅員3.3のアーチの石積が完了した状況を示す。

2-4

トラス橋

　三角形を組み合わせたトラスの形は、いわゆる鉄橋のイメージそのものです。列車が川にさしかかり、音を立てて渡るのはこのトラス橋が似合います。

■ 三角形の組み方から区分

　トラス橋もアーチ橋と同様に、その姿かたちから識別が容易な橋の種類です。三角形を連ねたトラス桁の上側にある部材を**上弦材**、下側にある部材を**下弦材**と呼び、その相互をつなぐ斜めの部材が**斜材**で、この斜材のくみ方、つまり三角形の構成のしかたによってトラスの姿かたちとともに、力学性状も変わります。トラスの種類もこの三角形の組み方によって区分されます。

　トラス橋の構成は、橋の幅員の両側にトラスの主構を配置して、この2つのトラス主構相互を、支材、横構や床桁で上下2面をつなぎ、ちょうど箱のような形をつくります。

　トラス橋の入口のところには、箱の四角形をしっかり保持するために**橋門構**という部材となっています。床桁は縦桁によって連結され横桁の上に床版が設置され鉄道橋であれば軌道が載り、道路橋であれば舗装されて道路面となります。

▲荒川を渡る鉄道トラス橋

上、下弦材が平行なワーレントラスで平行弦トラスと呼ばれる。

■ トラスの構造形式

トラスの構造形式は、19世紀の中頃以降、鉄道の建設と共に世界中で架設がされてきました。道路用のトラス橋は、ヨーロッパの流れを汲んだ木造橋がアメリカで盛んに建設されました。今日でもトラス橋は、桁橋よりも長いスパンが必要な個所にアーチ橋と並んで採用される一般的な形式です。

トラス橋はそのすがた形と構造の特徴からいろいろな形式に区分されています（図23）。トラスの全体の形から、高さが橋全体にわたって一定な上弦材と下弦材が平行なトラスを**平行弦トラス**と呼びます。

これに対して、上弦材が橋の中央で盛り上がった曲線のトラスを**曲弦トラス**と区別しています。径間数が2スパン以上となる連続トラスでは、中間支点の箇所でトラス高を高くするために弦材を曲線とする場合もあります。

1スパンだけの単純トラス桁に、曲弦トラスが採用されたのは、1960年代頃までで、それ以後に新設されたトラスは、ほとんどが平行弦トラスとなっています。

■ トラス橋の部材の組み方と斜材

もう一つのトラスの区分の視点が、上・下弦材相互をつなぐ部材の組み方の違いによるものです。上下を垂直につなぐ垂直材の存在の有無は、トラス桁の外観上大きな影響を与えます。垂直材がなく斜材のみでW形のトラス桁は、**ワーレントラス**と呼ばれ、今日新たに建設されるトラスの主流がこの形式です。

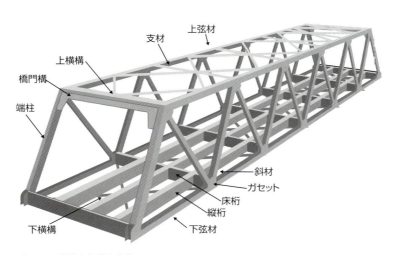

▲トラスの構造と各部の名称

2-4 トラス橋

　トラス橋の斜材は、橋の中央に向けて傾斜をする部材が、主として圧縮力を受け、その逆にトラスの両支点側に傾斜をする部材が引張力を受けます。このためワーレントラスの場合、斜材は圧縮と引張の部材が交互に並ぶことになります。ワーレントラスでも、斜材を交差させて配置したものを**ダブルワーレントラス**と呼びます。

　斜材を橋の中央に向けて傾斜を付けた部材のみにすると、すべての斜材が圧縮部材となります。このようなトラスを**ハウトラス**と呼びます。反対に斜材をトラスの両支点側に傾斜をさせた部材だけにすると、すべての斜材が引張部材となり、このようなトラスを**プラットトラス**と区分します。これ以外に、上・下弦材の間に垂直の部材を入れたものや、トラス桁高の中央に格点を設けてK形に斜材を組んだ**Kトラス**という形式もあります。

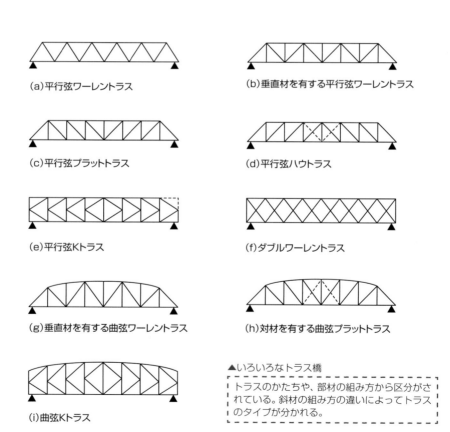

(a) 平行弦ワーレントラス
(b) 垂直材を有する平行弦ワーレントラス
(c) 平行弦プラットトラス
(d) 平行弦ハウトラス
(e) 平行弦Kトラス
(f) ダブルワーレントラス
(g) 垂直材を有する曲弦ワーレントラス
(h) 対材を有する曲弦プラットトラス
(i) 曲弦Kトラス

▲いろいろなトラス橋

トラスのかたちや、部材の組み方から区分がされている。斜材の組み方の違いによってトラスのタイプが分かれる。

■ トラスの力学

トラスに上から力がかかると、上弦材に圧縮力、下弦材に引張力が作用して抵抗します。最も簡単なトラスは、**キングポスト**と呼ばれるもので、水平な桁の中央にポストを立ててその頂部と水平な桁の両端を斜めの部材で結んだ構造です。この場合、斜めの部材である斜材には圧縮力が作用します。これを上下逆にすれば、今度は斜材に引張力が作用することになります。

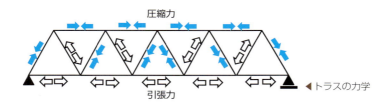

◀ トラスの力学

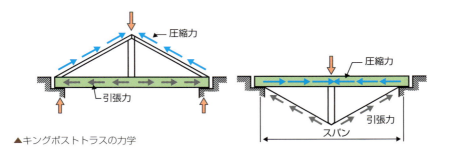

▲ キングポストトラスの力学

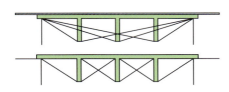

▲ ボールマントラスとフィンクトラス

単純化して示したボールマントラス（上）とフィンクトラス（下）。

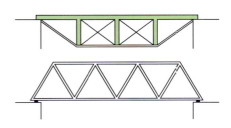

▲ プラットトラス（ハウトラス）とワーレントラス

単純化して示したプラットトラス（ハウトラス）（上）とワーレントラス（下）。

2-4　トラス橋

トラスは、いろいろな形式が考案されましたが、これらの中で**ボールマントラス**や、**フィンクトラス**は19世紀の後半から20世紀にかけてアメリカの鉄道橋や道路橋で盛んに建設された形式でした。

キングポストの先端を結んで弦材を入れたのが**プラットトラス**、あるいは**ハウトラス**と呼ばれるもので、さらにこれを単純化したのが**ワーレントラス**です。

■ わが国初期のトラス橋

わが国におけるトラス桁の架設は、明治初年の鉄道建設と同時でした。明治以前はほとんどが単純支持された桁橋で、建築では用いられていたトラスなどの木組構造が橋に適用されることはありませんでした。

最初のトラス橋は、1872（明治5）年開通の新橋・横浜間の鉄道が六郷川を渡る六郷川橋梁で木造のクィーンポストのトラスでした。引き続き1874（明治7）年に開通した大阪・神戸鉄道では、イギリスから輸入された錬鉄製ワーレントラス桁がわが国の最初の鉄製鉄道橋として明治6年頃に架設されました。武庫川橋梁以外にも神崎川、十三川にも同じ長さ21mのワーレントラスが架設されました。

▲木造の六郷川橋梁
（1872：明治5年、東京／神奈川）
わが国で最初の鉄道トラス。クィーンポスト構造の木造トラス。

▲武庫川橋梁（1874：明治7年、兵庫）
わが国最初の錬鉄製鉄道トラス。スパン30m。

2-4 トラス橋

■ トラスと桁構造を組み合わせた橋

トラスは、1スパンだけでなく数スパン分を連結した**連続トラス**や、**ゲルバートラス**とすることで、より長い川や海峡を渡る橋梁形式として採用されて来ました。国内でのトラスの最長スパンは、1974年に完成した大阪のみなと大橋で、最大スパンが510mあります。また近年ではトラスと桁構造を組み合わせた特異なトラス橋も架設されています。

ゲルバートラス
● 港大橋（1974年、スパン510m）

● 荒川湾岸橋（1975年、スパン345m）

連続トラス
● 黒之瀬戸大橋（1974年、スパン300m）

● 大島大橋（1976年、スパン325m）

▲ゲルバートラスと連続トラス

ゲートウェイブリッジ▶
（2012：平成24年、東京、スパン440m）
側径間と中央径間がトラス構造で中央部が桁構造からなる。

2-4　トラス橋

都内最古の現役トラス橋

　最新のトラス橋のゲイトウェイブリッジから10kmほど離れた八丁堀に、都内最古のトラス橋が現存します。亀島川が隅田川にそそぐ箇所に架かる明治生まれの南高橋です。この橋は、明治37年に建設された旧両国橋を転用して架設されたものです。旧両国橋は、路面電車の走る幅の広い堂々とした橋でしたが、関東大震災の被災後に解体され、3連あったうち真中のトラス桁が、幅を狭める改造が施されて南高橋に生まれ変わりました。

　この南高橋はアメリカ式トラスの流れを汲む設計で、アイバーと呼ばれる自転車のチェインのような、ピンでつながれた部材が使われています。橋の欄干から下を覗くとこのピン結合の部材を見ることができます。

▲南高橋（1932：昭和7年、東京）

2-5 斜張橋

斜張橋は、構造が合理的であることに加えて、ケーブル、塔、桁とそれぞれ直線で構成される橋のかたちによって醸し出されるすっきりした外観から、近年では国内外でこの形式の橋の採用が増えています。

■ 斜張橋の主要な構造

20世紀後半における斜張橋の出現とその後現在も続くスパンの増加は、近年における橋梁技術の発展の傾向を特徴づけています。

斜張橋の主要な構造部材は、桁とそれを斜めに吊るケーブル、そしてその定着点を提供する塔の3点です。ケーブルの定着点は桁を斜めに吊るために桁からある距離を隔てた場所である必要があり、このために塔が設置されます。

塔は桁を斜めに吊るケーブルの反力を受け、それを塔基部まで伝達し、基礎を介して地盤に伝達します。斜張橋の姿かたちも、斜めに張られたケーブル、それを定着する塔桁といずれも直線の部材で識別がされます。

ケーブルで支持される桁については、桁橋のそれと類似で、I桁や箱桁コンクリート床版もあれば、鋼床版のものもあります。床版上に舗装が施されて道路面となります。

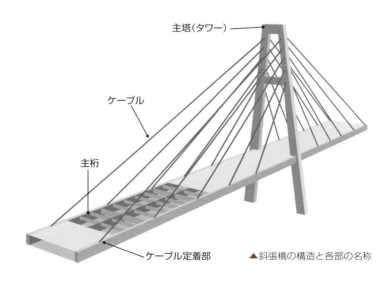

▲斜張橋の構造と各部の名称

2-5 斜張橋

■ 斜張橋の区分

　斜張橋の区分は、主に斜めに張り渡すケーブルの張り方の違いによります。塔頂部から放射状に桁の各部を支える**放射形式**や、ケーブルの塔側の定着の位置を塔頂部だけでなく、ずらした場所から桁の各部に斜めに張る**ファン形式**、各ケーブルをほぼ平行に張る**ハープ形式**などに分類できます。

　また、ケーブルの本数によって区分をする分類もあり、ケーブル本数を多段としてファン状に張り渡す**マルチケーブル形式**もあります。

▲横浜ベイブリッジ（1989：平成元年、神奈川）
3径間連続斜張橋、スパン460m。

（a）放射形式（少数ケーブル形式）　　　（c）ハープ形式（少数ケーブル形式）

（b）ファン形式（少数ケーブル形式）　　（d）ファン形式（マルチケーブル形式）

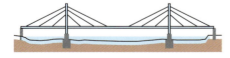

▲いろいろな斜張橋

2-5 斜張橋

■ 斜張橋の力学

　斜張橋の桁に上から荷重が作用すると、たわもうとする桁を塔から斜めに張られたケーブルがそれに抵抗して支える働きをします。桁を支えたケーブルは、その張力によって塔のケーブル定着部にケーブル反力を伝達します。塔は、ケーブル反力によって圧縮力、曲げモーメントが発生することになります。

　一方、ケーブルで支持された桁は、桁橋と同じように、桁を曲げようとする力とともに、斜めに張られたケーブルの水平分力によって圧縮力が発生します。これが斜張橋の構造の仕組みです。

■ 技術的に高度な橋

　斜張橋の構造のアイデアは古くからあります。17世紀の初めに、イタリアでは斜めにチェインを張り渡した**チェイン吊橋**が考案されています。構造的には吊橋と斜張橋の中間に位置します。

　一方、19世紀にイギリスのテムズ川に、やはり桁をケーブルで斜めに吊った今日の斜張橋の原型の橋が架けられました。**アルバート橋**で1864年に建設の承認が議会から得られ、その後建設が遅れ、9年後の1873年に開通しました。

　完成当時は、塔頂から張られた16段の錬鉄バーのケーブルで、スパン中央まで両側から張り出した桁を支持するカンチレバーでしたが、その後すぐに補強工事が行われて、塔頂から塔の間にチェーンケーブルを張り渡し、ハンガーで桁を支える吊橋

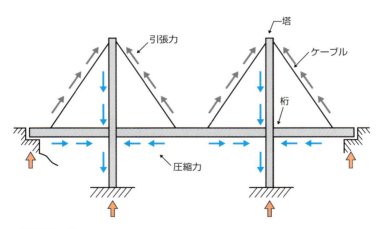

▲斜張橋の力学

2-5 斜張橋

に似た構造変更が加えられました。その後さらに補強の手が加えられ現在のような吊橋と斜張橋の中間的な構造となっています。

　斜張橋が本格的に建設されるようになったのは、戦後ドイツのライン川で、その後の半世紀で急速な発展を遂げます。斜張橋は、構造解析やケーブルの定着構造、架設時のケーブル張力の管理、耐風安定性などへの設計的な配慮など、技術的にも高度な橋です。

　20世紀末から今世紀初めの急速な斜張橋のスパンの増加は、材料の開発に加えて、解析技術、架設技術、IT技術の発達などに負うところが大きいといえます。

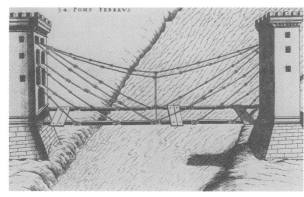

◀ヴェランチウスの吊橋
（1616年頃、イタリア・ヴェニス）

斜張ケーブルにはアイバーのロッドが使われている。

◀アルバート橋
（1873年、イギリス・ロンドン）

1880年代に塔頂間ケーブル、ハンガー、1973年に橋脚が追加された。

2-6 吊橋

吊橋は橋の種類として古くからあり、木や石の橋と同様にケーブル材料には、藤やかずらなどの自然材料が利用されました。中国では竹ひごをより合わせて綱をつくりケーブルとして用いた例もあります。

■ 吊橋の構造

吊橋は原始的な橋の形式としても最もスパンを長くすることができ、深い谷間に架け渡されました。わが国では史跡となっている徳島県西祖谷のかずら橋は、長さが45mもあります。

▲祖谷のかずら橋（橋長45m、徳島）
もとはつる植物のかずらをケーブルに用いて架けられた。

吊橋の主要な構造部材は、ケーブルとそれによって吊り下げられる桁、ケーブルの固定点としての塔、アンカレッジです。ケーブルはハンガーロープのケーブルと区別するために**主ケーブル**とも呼ばれます。塔も吊橋によっては2本以上の塔が設けられ低い方の**副塔**と区別するために、最も高い塔を**主塔**と呼びます。

道路を直接支える桁は**補剛桁**＊と呼ばれ、主ケーブルにバンドを巻きつけて固定されて吊り下げられたハンガーロープで支持されます。補剛桁からの荷重をすべてハンガーロープで支持した主ケーブルの引張力は、主塔の頂部に設置されたサドルによって塔頂からケーブル反力として、圧縮力として主塔に伝達されて塔基部から地盤に伝わります。

主塔頂部のサドルで支えられた主ケーブルの両端は、アンカレッジと呼ばれるケーブル定着部を内装したコンクリートの塊体に固定されてケーブル張力が地盤に伝えられます。

補剛桁は、タコマ・ナロウズ橋の落橋以後、耐風安定性を確保するために剛性が必要であることがわかり、以後吊橋の補剛された桁を**補剛桁**と呼ばれるようになりました。この補剛桁に床版が設置されて軌道や道路面となります。

＊**補剛桁**　スティフニング・ガーダー（stiffening girder）。橋の剛性を高めるために必要とされる。

2-6 吊橋

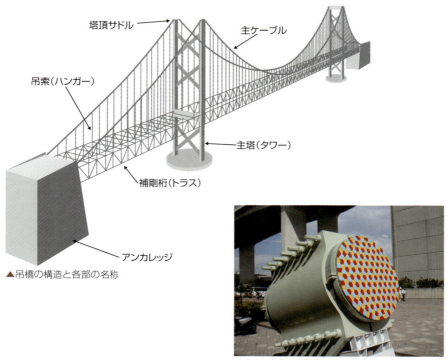

▲吊橋の構造と各部の名称

▲主ケーブル断面とハンガーバンドの実物大の模型

■ 吊橋の種類

吊橋の種類を補剛桁のヒンジの数や径間数で区分する方法があります。補剛桁の径間が１つの場合で両端がヒンジ結合したものを**単径間２ヒンジ補剛桁吊橋**と呼びます。これに対して、主塔を中間支点上に設け側径間もある吊橋の場合で、補剛桁をそれぞれの径間で独立させて塔とヒンジ結合して曲げモーメントを伝達させない場合、**３径間２ヒンジ補剛桁吊橋**と呼びます。径間数が３径間以上の場合で多径間吊橋と区分します。

■ 吊橋の原理

吊橋の補剛桁に荷重が作用すると、その荷重はハンガーケーブルを通してメインケーブルに伝えられます。引張力が発生したメインケーブルを塔頂サドルで支える塔には圧縮力が発生し、塔基部から地盤にケーブル反力を伝達します。ケーブルの端部は、橋の両端部にあるアンカレッジに定着されて、ここからケーブルの引張力が地盤に伝達されます。

2-6 吊橋

(a) 単径間2ヒンジ補剛桁吊橋

(b) 3径間2ヒンジ補剛桁吊橋

(c) 多径間吊橋

▲いろいろな吊橋

補剛桁のヒンジの数と径間数で区分される。

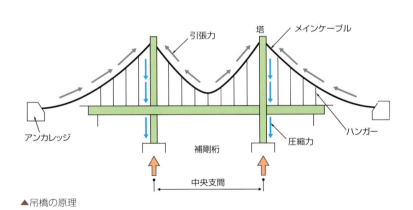

▲吊橋の原理

　吊橋はスパンが長くなると、自動車や列車の荷重よりも、ケーブルや補剛桁、床板などの構造自体の重さが支配的となります。同時に風の影響も大きくなり耐風安定性の確保が重要となります。吊橋の発展の過程は、この風の作用に対する安定性の確保のための挑戦の過程でもあったといえます。

2-6 吊橋

■ 風に対する安定性

近代吊橋の設計理論は、20世紀に入ってから完成しました。19世紀の後半に補剛吊橋理論および、弾性理論が公表され、20世紀に入るとすぐに、モイセーエフ（1872〜1943年）によって、弾性理論を発展させて弾性分配理論がまとめられました。

この理論は、水平力への抵抗をケーブルに期待することにより補剛桁の剛性を下げることができるとするもので、この方法で設計されたのが、マンハッタン橋（1909年）、ジョージ・ワシントン橋（1931年）、ゴールデンゲート橋（1937年）、そしてタコマ・ナロウズ橋（1940年）でした。この理論が耐風安定性に対して不十分であったことは、スパン853mのI断面の補剛桁のタコマ・ナロウズ橋が、補剛桁の捩じれ剛性の不足から完成後わずか4か月で秒速19mの風速で落橋したことによって証明されました。この落橋事故は、近代吊橋技術の発展過程の中で、動的耐風安定性を考慮する転機となった重要な出来事でした。

▲タコマ・ナロウズ橋の落橋直前の捩じれ振動

▲タコマ・ナロウズ橋の落橋
（1940年11月7日、アメリカ）

風速19m/sで捩じれ振動を起こして落橋した。スパン853mに対して、補剛桁はスレンダーな高さ2.4mが採用。

■ 伸びる吊橋のスパン

吊橋のスパンの長大化は、耐風技術の発展と共に、メインケーブルの鋼線引張強度の増加にも負っています。19世紀の末の1883年に架設されたブルックリン吊橋は、112kgf/mm²のケーブル鋼線が使われました。

その後、1909年のマンハッタン橋では、鋼線強度は148kgf/mm²となり、1931年のジョージ・ワシントン橋では、155kgf/mm²まで増加しました。この強度の鋼線ケーブルでゴールデンゲート橋（1937年）、フォース道路橋（1964年）、ベラザノ・ナロウズ橋（1964年）などが架設されました。

1970年代になると、トルコの第一ボスポラス橋（1973年）や関門橋（1973年）で160kgf/mm²の鋼線が初めて使用され、イギリスのハンバー橋（1981年）にもこの強度の鋼線が使われました。1998年に完成した明石海峡大橋では180kgf/mm²の鋼線が使用され、さらに今日では200kgf/mm²のケーブルが使用されるようになりました。

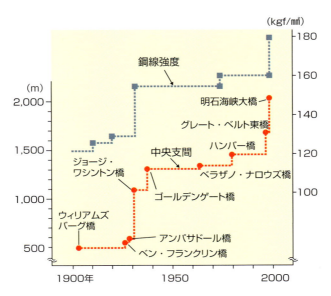

▲ケーブル鋼線の引張強度と吊橋のスパンの伸び

2-6 吊橋

■ 箱桁断面の採用

吊橋の補剛桁には、明石海峡大橋のようにトラス構造による方式と、イギリスの**セバーン橋**やハンバー橋のように、箱桁による方式があります。セバーン橋に初めて扁平な箱桁断面が採用されたのは1966年のことです。

これ以後、トラス構造に加えて、同様の流線型の箱桁の補剛桁がイギリスのハンバー橋（1981年）、トルコの第1ボスポラス橋（1973年）、第2ボスポラス橋（1988年）、本州四国連絡橋のしまなみ海道の大島大橋（1988年）、北海道の白鳥大橋（1998年）、香港のツィンマ橋（1997年）、デンマークのグレート・ベルト東橋（1998年）などでも採用されました。

▲架設中のセバーン橋と補剛桁の箱桁断面
耐風安定性を確保するため飛行機の翼のような扁平な流線型断面が採用された。

▲明石海峡大橋のトラス構造の補剛桁

COLUMN 世界最古の現役道路吊橋……ユニオン吊橋

　ユニオン吊橋は、イギリスのエジンバラから南東に80kmほどのスコットランドとイングランドの境界線のツィード川架かる世界最古の道路吊橋です。建設は、トーマス・テルフォードのメナイ吊橋よりも6年早く1820年のことです。通行車両の荷重制限はありますが、いまなお自動車が通行する現役の橋です。129mのスパンは、錬鉄吊橋として当時世界最長であり、車両が通行する道路吊橋としてもイギリスで最初でした。

　両岸から張り渡されたケーブルは、棒状の錬鉄のバーをピンで連結した3段のチェインで構成され、ハンガーで木製の床版を吊っています。左岸のスコットランド側には、高さ18mの石造の塔がありますが、イングランド側は川に迫る斜面に直接アンカーされています。

　吊橋は、石造アーチやその他の構造形式の橋に比べると、寿命は短く、ユニオン吊橋も、200年の歴史でたびたび補強や補修がされてきました。

　建設後約80年が経過した1902年には、チェインケーブルを補強する目的で、最上段に鋼ワイヤーケーブルが1本追加されています。木製の床組、床版は何度も修復がされて来ました。近年では、錬鉄、鋳鉄製のハンガーとチェインケーブルの定着部で破損が相次いで発見され、応急処置が施されています。

　この橋は、スコットランドとイングランドの両方から日本の重要文化財に相当する歴史的遺産として登録されていますが、老朽化が進んでいることや、財政的な理由によって維持が危ぶまれ、イングリッシュ・ヘリテッジによって「存続の危機にある遺産としても登録されています。

▲ユニオン吊橋全景

▲チェインケーブルと石造の塔

2-7
ラーメン橋

ラーメン橋は、周囲の地盤より低い掘割りの場所を走行する高速道路の上空を道路が横切る橋としてよく目にする形式です。特に、水平な桁を支える支柱に角度を付けたラーメン橋を**方丈ラーメン橋**(ほうづえ)と呼びます。

■ ラーメン橋の主要部分

この形式は山岳地帯の谷間を橋が渡る場合などで急斜面に大規模な基礎の施工が困難な場合、アーチ形式に代わって選択されることもあります。

方丈ラーメン橋の主要部分は、水平な主桁とこれを支えるラーメン脚部で主桁と脚部の格点部は、曲げモーメントを伝達できる剛結合(隅角)となっています。主桁は横桁、縦桁の床組があり、その上に床版が設けられます。主桁に剛結合するラーメン脚部は支承を介して地盤に反力を伝えます。

▲高速道路上にかかるPC方丈ラーメン橋
(八幡橋、群馬県、橋長68.4m、1984:昭和59年)

水平な主桁とこれを支えるラーメン橋脚からなる。

2-7 ラーメン橋

■ ラーメン橋の構造

ラーメン橋は、格点を剛結合する構造上の特徴をもって区分する方式ですので、その姿形にはバラエティがあります。方丈ラーメンの斜めのラーメン脚を垂直にした**門型ラーメン**から、ラーメン脚をV型にした**V脚ラーメン**、さらには、トラスから斜材を取り去ったような梯子状の形をした**フィーレンデール**と呼ばれる方式もラーメン橋です。

■ ラーメン橋の力学

門型ラーメン橋の主桁（梁）に上から力がかかると、ラーメン脚と桁の格点（隅角部）に負の曲げモーメントが発生するので、主桁（梁）の正の曲げモーメントは軽減され桁の断面は桁橋と比べて小さくてすむことになります。

これと同時に隅角部は発生した曲げモーメントに対して十分抵抗できるように構造上の配慮が必要となります。上からかかった力はラーメン脚にモーメントと共に軸力として伝わり、支点から地面へと伝えられます。

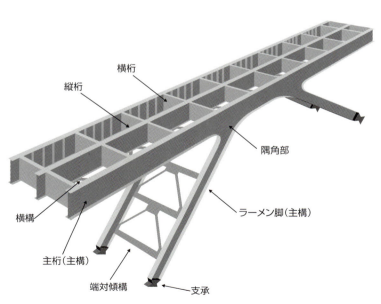

▲ラーメン橋の構造と各部の名称

2-7 ラーメン橋

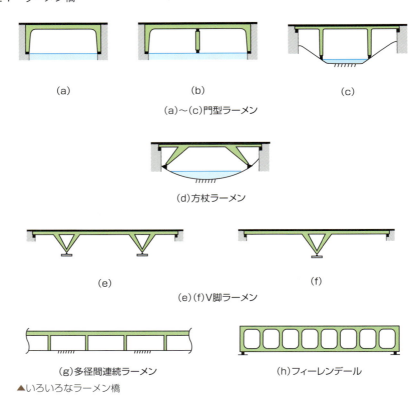

(a)～(c)門型ラーメン

(d)方杖ラーメン

(e)(f)V脚ラーメン

(g)多径間連続ラーメン

(h)フィーレンデール

▲いろいろなラーメン橋

▲PC V脚ラーメン橋（十王川橋、茨城、V脚スパン115m、1987：昭和62年）

2-7 ラーメン橋

■ 耐震性にすぐれたラーメン橋

ラーメン橋が建設されるようになったのは、耐震性に強いという評価から関東大震災以後のことで、1927（昭和2）年に震災復興事業の一環として昭和2年に架設された**豊海橋**もその一つです。

永代橋のすぐ近くに架かるスパン47.3mのわが国で最初のフィーレンデール構造です。1934（昭和9）年に黒部渓谷の黒部川に架設された**目黒橋**もスパン29.3mの同じフィーレンテール構造です。豊海橋、目黒橋ともいずれも現存します。

ラーメン形式は、昭和初期に開業した総武線の秋葉原駅、およびその前後のコンクリート高架に大幅に取り入れられ、特に3径間連続鉄筋コンクリートラーメン橋は、のちに新幹線の高架橋の標準的な工法として定着したもととなったものです。

π型のラーメン橋としては、1931（昭和6）年に完成した御茶ノ水橋があります。

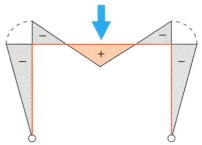

▲門型ラーメンの曲げモーメント

> わが国で最初のフィーレンデール構造。

▼豊海橋（東京、1927：昭和2年、47.3m）

2-7 ラーメン橋

▲目黒橋
（1934：昭和9年、富山、スパン29.5m）

▲御茶ノ水橋
（1931：昭和6年、東京、π型ラーメン橋）

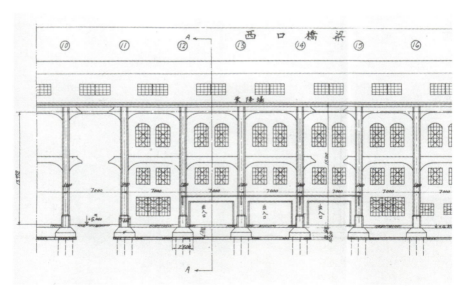

▲秋葉原駅西口橋梁図面

御茶ノ水両国間高架線建設概要、1932（昭和7）年6月、鉄道省発行。

2-8

可動橋

可動橋という橋の分類は、構造形式の点から見た橋の形の違いに基づく桁橋やアーチ、トラスなどとは少し異なります。構造物が動くかどうか、という視点からの分類です。

■ 船を通過させる橋

水路や川を跨ぐ橋において、前後の取り付け道路の関係で桁下を大きく取れない場合、船を通過させるスペースを確保するために、一時的に橋の移動ができるものを可動橋と分類します。固定されている通常の橋に対して**可動橋**と分類するものです。

可動橋はわが国にも見られますが、欧米ではそれほど珍しくはありません。山地の多いわが国に比べ、平地が広がる欧米では、内陸まで張りめぐらされた運河や大河川に外洋からの船が航行することができました。このため川や運河に架かる橋は、そこを船が航行するときに、一時的に橋の方を動かして船を通過させるという必要が生じました。

■ 可動橋の分類

可動橋をその構造の動かし方の違いで大きく分類すると、跳開橋、旋回橋そして、昇開橋の3種類となります。

跳開橋は、桁の一端を回転中心として跳ね上げて桁を動かす方式で、17世紀のオランダの**跳ね橋**に原点があります。運河が発達すると欧米全体で広く建設されるようになり、19世紀末から20世紀初めまで多く建設されました。ゴッホの画に見るはね橋のような簡便なものから、ギアを使って大きな橋体をはね上げる本格的なものまでいろいろあり、いまでも新設例があります。

ロンドンの**タワーブリッジ**は、跳開橋で1894年に建設されたものです。シンボルの2本の塔の間に跳開する桁があります。
長浜大橋は、戦前に架けられた現存する唯一の道路可動橋で、勝鬨橋より5年前の1935（昭和10）年8月に完成し、いまでも開閉する現役の跳開橋です。

▲アルルの跳ね橋
（1888年、ゴッホ、クレラー・ミュラー美術館蔵）

2-8 可動橋

博物館のある橋……タワーブリッジ

　ロンドンのテムズ川に架かるタワーブリッジは、しばしば、ロンドンブリッジと混同されことがあります。それだけロンドンの顔となっている橋ということでしょう。現在は、タワーブリッジより下流側に高速道路の橋が架かっていますが、それ以前は長い間、北海からテムズ川を遡って目にする最初の橋がこのタワーブリッジでした。

　ロンドンの港は、橋のすぐ下流側から始まりますが、橋より上流側にテムズを上るには、開いているこの橋を通りぬけて行かなくてはなりませんでした。

　タワーブリッジの名前の由来は、橋自身にタワー（塔）があるから、という説と、橋の左岸の袂（たもと）にあるロンドン塔に由来するという説があります。どうも、後者の説が正解らしいようです。

　ロンドン塔は、数々の血なまぐさい歴史が刻まれた牢獄で、ロンドンに留学した夏目漱石は、ロンドン塔を題材に短編に書いています。漱石がロンドンの地を踏んだのは、この橋ができた6年後のことで、この年の初冬に橋を南側から渡ってロンドン塔を見物しています。

　「…この倫敦塔を塔橋の上からテムズ河を隔てて眼の前に望んだとき、余は今の人かはた古えの人かと思うまで我を忘れての余念もなく眺め入った。…」

　タワーブリッジのシンボルの塔は、一見石造に見えますが、内側には鉄骨が組まれています。塔と塔の跳開橋の開閉の動力には、かつて蒸気エンジンが使われていました。右岸側の袂には、エンジンルームがあり、設備を動かすために100名もの人が働いていたそうです。いまでは、博物館となっており、蒸気エンジンや石炭庫を見ることができます。

　橋の下流側界隈は、再開発によって古い石造の倉庫を活用したパブやレストラン、石畳の歩道、木製デッキの船着場など、しゃれた雰囲気の観光スポットとなっています。

▲タワーブリッジのエンジンルーム内部

2-8 可動橋

▲タワーブリッジ
（1894年、イギリス・ロンドン）

▲長浜大橋（1935：昭和10年、愛媛）

▲筑後川昇開橋（1935：昭和10年、福岡／佐賀）
中央付近の長さ24.2mの部分が昇降する。

　昇開橋は、桁全体を上方に移動をする方式で、19世紀の末に可動橋の多いアメリカのシカゴで建設されたものが最初です。以後、現在にいたるまで施工例はアメリカが中心です。九州の筑後川を越える旧国鉄佐賀線の鉄道橋として1935（昭和10）年に竣工した**筑後川昇開橋**はこの事例です。

2-8 可動橋

　旋回橋は橋桁を水平面内で回転（旋回）させるために、上方に移動させる他の方式と異なってカウンターウェイトがいらないという長所があります。この旋回橋の国内での近年の例としては、大阪で2001（平成13）年に建設された**夢舞大橋**があります。この橋は、夢洲と舞洲という２つの人工島の間に架かる浮体橋で、浮体式の旋回橋としては世界的にも珍しい可動橋です。

　旋回橋の初期の例としては、イギリスの港町のブリストルに1849年に建設された錬鉄製の旋回橋があります。この旋回橋は、港入り口の閘門＊の箇所に架かっていましたが、もはや動くことはありませんが、保存されて一般に展示されています。

▲夢舞大橋（2001：平成13年、大阪）

▲ブルネルの錬鉄製の旋回橋（1849年、イギリス）

＊**閘門**　河川や運河で船を上下させる装置。水位差のある水路の間に設けられる。船を引き入れる閘室、両端の門扉、門扉の開閉設備、給排水設備で構成される。

COLUMN 天橋立の旋回橋……小天橋

日本三景の一つの天橋立にも旋回式の可動橋があります。横に長く延びた砂洲のつけ根付近を横断して湾奥と外海をつなぐ水路にかかる小天橋で、1923（大正12）年に渡し舟に代わって建設されました。4径間の中央2径間の橋桁を人力で旋回させていました。

1960（昭和35）年に現在の橋に架け替えられたときに、3径間の桁橋となり、そのうち2径間が電動モーターで駆動方式となりました。桁は水路の方向に平行となる約90度まで70秒ほどで旋回します。

1日数回から多ければ50回ほど旋回する稼動があるそうです。橋の旋回は、3名で操作されており、船が近づくと2名が桁の両側に立ち、橋の利用者の通行止めと、旋回の開始・停止の合図をします。これにもう1名が橋のすぐ脇にある操作小屋で電動モーターの操作をします。

▲小天橋（1960：昭和35年、京都）
先代の小天橋は人力で旋回したが、現在の橋は電動駆動。

2-9 鋼床版

鋼床版は橋の形式そのものではありませんが、それぞれの構造形式に鉄筋コンクリート床版と選択的に採用されています。

■鋼床版の構造と利点

特に板桁では上フランジと応力的部材としても兼用され3径間鋼床版箱桁橋などと分類されます。鋼床版はデッキプレートの下面に橋軸方向に**縦リブ**とそれに直交する**横リブ**、横桁で格子状に補剛された版です。縦リブには開断面のバルブプレート等や、閉断面のU型のトラフが用いられます。

デッキプレートの上面にはアスファルトによって6〜8cm程度の舗装がされます。鋼床版の利点の一つは、厚さが20cm以上の鉄筋コンクリート床版に比べると自重が軽く死荷重が小さくなることです。

▲トラフリブの鋼床版箱桁橋の例

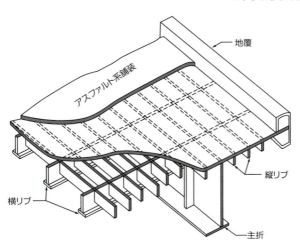
▲開断面リブの鋼床版の例

2-10 橋を構成する各部の仕組み

橋の各部には、橋の種類に共通した役割を果たすための仕組みがあります。上部工の荷重を下部工に伝達する支承や、床版の継目である伸縮装置や地覆、高欄、車両防護柵、排水装置、あるいは照明装置などがあります。

■ 支承

支承は、橋の上部工と下部工の接点として上部工反力を橋台、橋脚に伝達する装置です。支承は、橋の利用者には直接目に触れにくい場所にあり、馴染みが少ないのですが、構造物の要が「継ぎ目」であることを考えれば、上部工と下部工の継ぎ目にあたる支承は、橋が構造体として機能するための重要箇所といえます。

上部工からの反力を下部工である橋脚や橋台へ伝達す支承は、垂直方向の力の伝達以外に、特定方向への回転や、水平移動を許容しながら反力伝達をスムーズに行うことが求められます。これは、上部工の桁が荷重を受ければたわみが発生し、桁端部ではたわみ角により発生する水平方向への「ずれ」を逃がす必要性があるからです。温度変化によっても桁は伸び縮みをするので、この変位を逃がすのも支承の役割です。

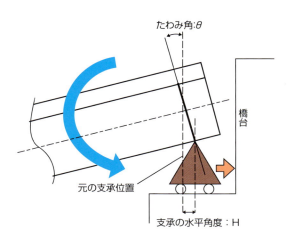

▲桁端の回転による支承の水平変位の発生

2-10 橋を構成する各部の仕組み

桁の回転を許容しながら鉛直方向の反力を伝達するための最も単純な仕組みが**線支承**と呼ばれるものです。支承を上沓と下沓に分離して平板の上沓の下側に、かまぼこ形の下沓を置くことで、両者は線で接触することになります。これで鉛直方向の力の伝達をしながら同時に回転も許容されます。

より積極的に回転ができるような仕組みを取り入れたのが、上沓と下沓の間にピンを嵌め込んだ**ピン支承**です。球面状の下沓にその球面より少し曲率を大きくした凹面の上沓をかぶせた構造の**ピポット支承**は、ピン支承の回転が一方向であるのに対して、橋軸方向や橋軸直角方向にも回転ができます。

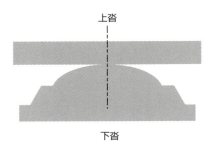

▲線支承の仕組み

平板の上沓とかまぼこ型の下沓は線で接触することで、垂直方向の力を伝えながら同時に、一方向の回転も許容される。

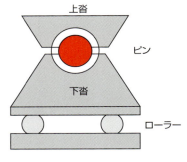

▲ピン支承の仕組み

ピン支転は、上下沓の間にピンが挿入されることで、橋軸方向への回転が許容される。橋軸方向への水平移動もできる可動沓の場合には、下沓の下側ローラーが挿入されたタイプになる。

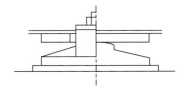

▲線支承の例

2-10 橋を構成する各部の仕組み

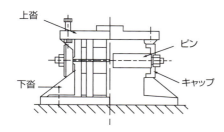

▲ピン支承の例

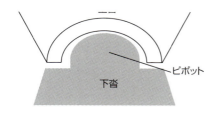

▲ピポット支承の仕組み

凹凸面が嵌まり込み全方向への回転が許容される。動物の手足の関節も同種の仕組み。

▲ピポット支承の例（提供：日本鋳造株式会社）

工場で製作されたピポット支承（上）、下側はアーチ橋の支点に用いられた例を示す。工場出荷前の支承は回転しないように仮固定されている。

103

2-10 橋を構成する各部の仕組み

　この他に金属板とゴム板を交互に重ねた**積層ゴム支承**も、ゴムの弾性変形によって回転を許容することができます。水平方向への移動については、ゴムの水平方向へのせん断変形によって許容されます。

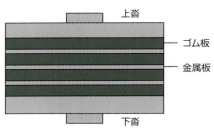

▲ゴム支承の仕組み

ゴム支承は金属板とゴムを層状に重ねた構造で、ゴムの変形で回転、水平移動ができる。

▲ゴム支承の可動側支点
（提供：日本鋳造株式会社）

工場で製作された可動側のゴム支承。下沓側にあるサイドブロックと上沓側の切欠きで一定以上の移動が制限される。

▲ゴム支承の例（分散、免振ゴム支承）

ゴムのせん断変形で水平地震力を分散支持する。

2-10 橋を構成する各部の仕組み

■ 落橋防止装置

落橋防止装置とは、文字通り上部工の橋桁が、それを支えている橋脚や橋台から逸脱して落下を防ぐための装置です。

落橋防止装置の必要性が指摘されたのは、1964（昭和39）年6月に発生した新潟地震がきっかけです。竣工直後の昭和大橋が、一端ピン支承、他端ローラー支承の12スパンの単純桁のうち、5スパンが片側を橋脚上に残して川中に落下する壊滅的被害を受けました。

この新潟地震のあとの1971（昭和46）年に、橋の設計の基本的なルールを定めた「道路橋耐震設計指針・同解説」が改訂され、ここの初めて落橋防止装置に関する規定が設けられました。地震動を受けた場合に、上沓が下沓からずれ過ぎないように移動制限を設けることとされ、さらに、橋脚が大きく動いたとしても、桁が橋脚から外れないように支承から橋脚、橋台の天端の端までの距離（**桁かかり長**）を十分とるか、あるいは橋脚上の両方からの桁相互を連結することとされました。

その後、兵庫県南部地震、東北地方太平洋地震の被害経験を踏まえ、この規定はさらに改訂が行われ、落橋防止装置は、橋の供用期間中に発生する確率は低いが大きな強度をもつ地震動（レベル2）が作用した場合に桁端部に生じる上下部最大相対変位と地盤ひずみを考慮することとされています。今日では、落橋防止装置の構造は桁相互を単に連結板でつなぐものから、PC鋼材や、チェインなどによる連結などが一般的となりました。

▲新潟地震による昭和橋の落橋
（1964：昭和39年6月、土木学会デジタルアーカイブ、撮影：倉西茂・高橋龍夫）

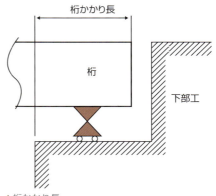

▲桁かかり長
地震時の上下部最大相対変位と地盤ひずみより設定。

2-10 橋を構成する各部の仕組み

板桁

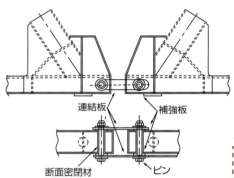

連結タイプ

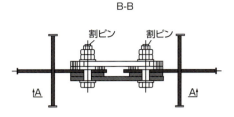

トラス

◀桁間連結装置
1971（昭和46）年以後都市部の高架道路で採用された桁端を連結するタイプ。

橋台

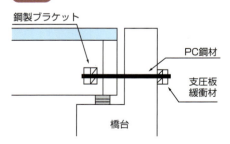

橋脚

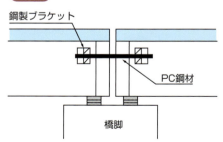

▲PC鋼材による桁間の連結装置
桁の平面位置が異なる橋脚上や、橋台上で桁端とパラペットを連結する場合、PCケーブルによる連結が行われる。

2-10 橋を構成する各部の仕組み

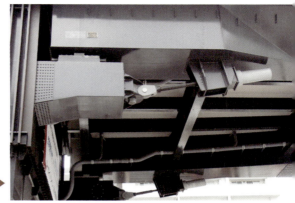

PC鋼線による桁端連結▶
（横浜市金沢シーサイドライン、2019年3月）

チェイン式落橋防止装置（群馬大橋、1999年）▶

勝どき橋の耐震補強で設置された落橋防止装置▶
（補強工事2017年2月）
既設沓を囲むように限られた空間に設置された。

2-10 橋を構成する各部の仕組み

■ **伸縮装置**

道路橋の路面の継目である伸縮装置は、橋の構成部分の中でも利用者が直接目にしたりその存在を段差で感じることができます。伸縮装置は、気温の変化にともなう桁の伸縮や、コンクリートのクリープや乾燥収縮、車両の通行による桁のたわみによる桁端の回転や移動、あるいは地震時の桁の移動などを吸収しつつ、車両が安全で快適に通行ができるようにするものです。このため、伸縮装置は、いろいろな荷重状態において、平たん性を保ちつつ、所定の伸縮量を保証することがまず基本的な機能です。この機能を直接輪荷重の繰り返し受ける条件のもとで、長時間にわたって維持する耐久性が求められます。また、伸縮装置のある桁端は、構造本体が不連続となっていますので、漏水の原因となることなく十分な止水性も求められます。

伸縮装置は、橋の構成部分の中でも最多ともいわれるくらい、数多くの種類がありますが、大別すると桁端部と橋台パラペット間の隙間（遊間）で、輪荷重を支持する荷重支持型と、支持しない突合せ型に分類されます。

荷重支持型は、伸縮量が大きい場合に採用されるもので、遊間部で後輪荷重を載荷できるように設計されます。これまで最も実績の多い鋼製フィンガージョイントの他、ヨーロッパで長年実績のあるモジュラージョイントも遊間で荷重を受ける荷重支持型です。

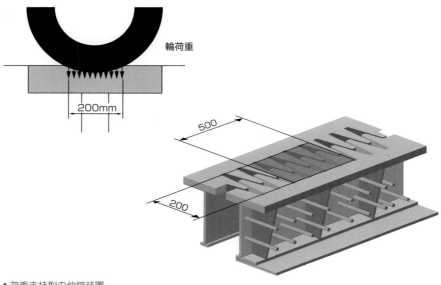

▲荷重支持型の伸縮装置

2-10 橋を構成する各部の仕組み

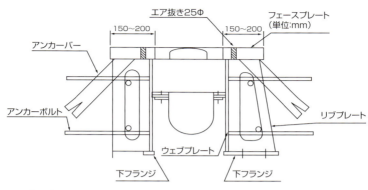

▲鋼製フィンガージョイント
最も使用実績の多い荷重支持型。

▲鋼製フィンガージョイントの使用例
最も使用実績の多い伸縮装置。

▲斜張橋に使われたモジュラージョイント（国内の例）

◀多径間連続桁に使われたモジュラージョイント（オーストリアの例）

ドイツ、スイス、オーストリアではモジュラージョイントの事例が多い。

2-10　橋を構成する各部の仕組み

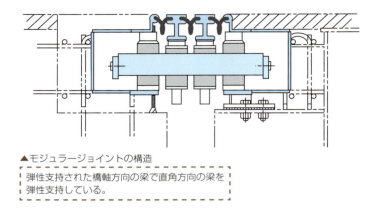

▲モジュラージョイントの構造
弾性支持された橋軸方向の梁で直角方向の梁を弾性支持している。

　これに対して、伸縮量が小さい場合は、遊間部で荷重を受けずに、非構造材のシール材や、ゴムだけの止水部を設けた突合せ型が採用されます。

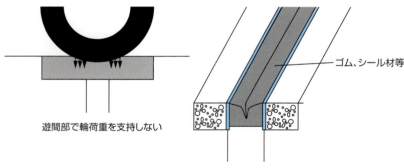

▲突合せ型の伸縮装置＊

＊**突合せ型の伸縮装置**　出典：日本道路ジョイント協会、『伸縮装置の設計ガイドライン』（2019年4月）。

2-10 橋を構成する各部の仕組み

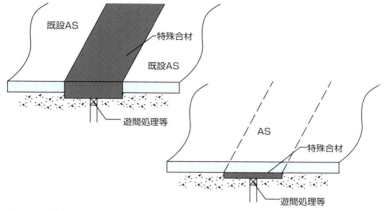

▲埋設型の伸縮装置*

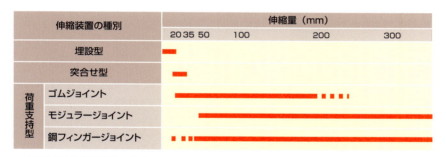

▲伸縮量と適用伸縮装置の種別

　この他、荷重を支持しないタイプでは、遊間にシール材を挿入してシートで止水した上にゴム入りアスファルトなどの特殊合材施工したり、舗装の下に特殊合材を施した、路面の一体性をもつ埋設型も短いスパンのRC桁や鋼桁では適用されます。
　伸縮装置はいろいろな種類がありますが、その使い分けの目安は、伸縮量です。20mm未満の小さな伸縮量に対して埋設型が選定され、次いで35mm未満までは荷重支持しないタイプの突合せ型が選定されます。これ以上の伸縮量に対しては、各種のゴムジョイントやモジュラージョイント、鋼フィンガージョイントが適用されます。

＊**埋設型の伸縮装置**　出典：日本道路ジョイント協会、『伸縮装置の設計ガイドライン』（2019年4月）。

2-10 橋を構成する各部の仕組み

■ 橋面各部と高欄、車両防護柵

　道路橋で、自動車や歩行者が通行する場所を橋面と呼びます。橋の両側には、地幅という路面より盛り上げた部分がありその上に高欄や車両用防護柵が取り付けられています。

　路面には、排水のための勾配が付けられており、低い路側には橋の長さ方向に一定の間隔で、排水桝が埋め込まれ路面の雨水を排水します。また古い橋であれば、橋の端部には親柱や橋詰が設けられています。照明や各種の標識が設置されるのも橋面の上になります。

　高欄（こうらん）は橋面の中でも特に通行者が直接触れることのある橋の部品として、最も身近なものです。時代を経た歴史的な橋では、親柱から連なる重厚な高欄も見られます。

　高欄や車両防護柵の役割は、道路面の橋の両側に設置して、歩行者、自転車や車両の橋の外への転落を防止をすることです。歩道のある橋で歩車道境界に防護柵を設置する場合は、自動車の歩道への進入を防ぐ役割も併せもっています。歩行者や自転車を対象とする高欄の場合は、高さを路面から1.1mとして、縦桟を標準としています。高欄や車両防護柵は、地幅に埋め込まれたアンカーボルトで固定されます。

　歩行者や自動車の転落防止の役割と共に、高欄、車両防護柵は目につきやすい部分であって、橋の景観に影響を与えることも考慮する必要があります。

　車両防護柵は、車両が橋の外へ転落するのを防止するために、設計荷重として衝突荷重を自動車の衝突角度を15度、衝突速度を道路の設計速度に応じてとり、この衝撃度に対して耐えるように設計がされています。

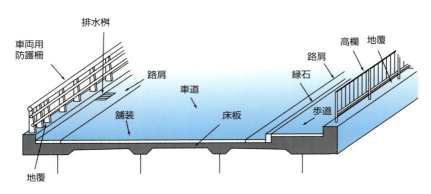

▲橋面の各部と名称

2-10 橋を構成する各部の仕組み

　防護柵の構造としては、金属製のたわみ性防護柵と、鉄筋コンクリート壁の剛性防護柵後に大別されます。たわみ性防護柵は、ガードレールや、横桟のビームやワイヤーを配置した防護柵があります。

　高欄兼用防護柵は、高欄の機能も合わせもつ形式です。自動車の最初の衝突面がビーム（横桟）となるように、ビームは支柱ポストよりも車道側に突出したように配置がされ、コンクリート製の地幅への固定はアンカーボルトによっています。高欄兼用ビーム型防護柵は、高さを歩行者自転車用防護柵と同じ1.1mとして、縦桟とビームの両方を備えたものとなっています。

橋の景観に影響を与えることも考慮する必要がある。
▼高欄（歩行者自転車用防護柵）の施工例

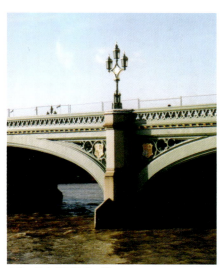

▲ウェストミンスター橋

▲ウェストミンスター橋の高欄

ロンドン、テムズ川上の1864年建設。7スパンのアーチ全長にわたり鋳鉄製の重厚な高欄が続く。歩行者、自動車の多い幹線道路の橋だが歩道・車道間の防護柵はない。

2-10 橋を構成する各部の仕組み

▲高欄兼用ビーム型車両防護柵

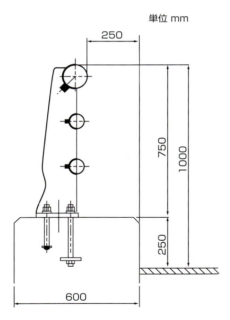

◀高欄兼用ビーム型車両防護柵の施工例
衝突面となるビーム（横桟）は支柱ポストよりも車道側に突出している。

石造鉄道アーチ……レイ・ミルトン高架橋*

　世界で最初の蒸気機関車が走ったのは、イングランドのストックトン・ダーリントン鉄道で、1825年のこととされています。しかし、これより10数年も前の1811年に、このレイ・ミルトン高架橋を通る鉄道路線が、馬車曳き鉄道として開通し、5年後の1816年には、蒸気機関車が導入されました。

　この鉄道は、グラスゴーの南に位置するトルーンという港町から内陸に向かう全長16kmの路線で、鋳鉄製のレールによる4フィートゲージの複線軌道でした。旅客と石炭の貨物輸送のための公共鉄道でした。

　世界で最初に蒸気機関車が走ったこの高架橋も、廃線となった後は、長い間放置され時間の経過と共に、その存在すら人々の記憶から忘れられていきます。橋の上には木や草が生い茂り、アーチは歪み、積石も一部が剥げ落ちて、崩壊寸前の姿となって再発見されたときは、建設から180年が経過していました。

　この発見後、古いものを大切にする国民性のイギリス人の面目躍如ともいえる再生・保全プロジェクトが開始されました。資金、所有権、整備後の管理者などの問題に加えて、傷んだ構造の修復は困難を極めました。しかし、地域住民、関係団体、学会、企業など、多くの人々の協力によって保全・再生が実現したことは、結局、国民の文化力の問題に行きつくのでしょう。

　補修工事は、1992年に着手され96年に完工しました。欄干が取り付けられ、当時のレールが橋上に展示されたこの橋は、遊歩道ルートとして人々に親しまれています。近年、国内でも歴史的価値をもつ橋やドック、ダムのような土木遺産の保存・再生が話題となることが多くなってきました。このレイ・ミルトン高架橋は、困難な中で第一級の土木遺産を再生させた貴重な事例です。

◀再生されたレイ・ミルトン高架橋（1996年）

＊レイ・ミルトン高架橋　イギリス・スコットランド。1811年に建設された世界で最初の鉄道高架橋。

MEMO

第3章

橋を科学する

橋は、代表的な土木構造物です。構造とは、広辞苑によれば「いくつかの材料を組み合わせてこしらえられたもの。また、そのしくみ。くみたて」とあります。この構造物で土木の分野に属する橋の仕組みの解析を支えるのが力学を中心とする科学知識です。

本章では、橋を支える科学を力学の面を中心に見てみましょう。

3-1 ガリレオによる実証的力学研究の始まり

橋の仕組みの科学的な解析法として、構造力学の体系化が始まったのは、橋の歴史そのものよりもはるかに短いものです。

■ 橋を支える力学

構造力学は、部材と呼ぶ橋を構成する要素や、部材の組み合わせで成り立つ全体が、橋に作用する外力によって、どのような影響を受けるかを知るための方法です。橋に作用することが想定される外力には、自動車、風、地震などがありますが、これらの力が橋に作用することによって受ける影響を知ることは、橋を合理的に設計するための基本的な情報となります。

■ 重力に抗すること

外力の影響度合いを科学的方法によって解明する以前は、経験の蓄積によって橋が架けられてきました。隔てられた2地点間を重力に抗して飛ぶことのできる長さ（スパン、支間）、橋の材料、梁の寸法、ケーブル（ツタ）の太さ、アーチの石材の寸法などは、実際の使用を通じた経験によって選定されて橋が架けられてきました。

橋の歴史の出発点として、よく引き合いに出されるのが、インフラの父ともいわれる古代ローマ人が建設した数多く**石造アーチ**です。理にかなっていたからこそ、古代ローマの水道橋が今日まで残っているのです。しかし、石造アーチだけではなく、溝を跨ぐ石材や丸太の単純な梁が、どのように重力に抗することができるかといった仕組みを説明するには、1000年以上の時の経過を経たルネッサンスまで待たなければなりませんでした。

ただ、ルネッサンスは、古代ローマの文芸の復興であることを考えれば、橋の構造を解析するための科学のその源流もまた、古代ローマにあるといえるかもしれません。

■ 片持ち梁の応力分布

橋の仕組みの力学的な説明を最初に試みたのは、芸術、科学全般の天才といわれた有名なガリレオ・ガリレイ（1564～1642年）です。経験や観察をもとに実証的力学の研究による近代的力学概念を確立しました。

ガリレオは、壁から突き出た梁の先端に重しを吊り下げた**片持ち梁**にどのような応力度分布が発生するかについて説明をしています。ガリレオによれば、梁の根本に発生する最大の梁断面応力度としては、梁

3-1 ガリレオによる実証的力学研究の始まり

の断面に一様な等分布の応力度が発生するとしています。これは、ガリレオが1638年に著した『新科学対話（上巻）』（今野武雄他訳、岩波文庫）の中に示されています。

　この本はタイトルに「対話とあるように、3人の人物を登場させ「機械学及び運動の理論」に関する各種の命題が提出されそれらについて観察と実験を根拠として3人がとり交わす会話によって展開されています。この中に片持ち梁の問題があります。

　今日、私たちが学ぶ構造力学の知識によれば、先端に下向きの力の作用する壁から突き出た片持ち梁は、上に凸のカーブを描いて先端が沈みこむたわみ変形が生じ、梁の断面応力度は上側に引張応力、下側に圧縮応力を発生することが知られています。

▲ガリレオの新科学対話（上）

▲ガリレオ・ガリレイ（1564〜1642年）

▲片持ち梁に関する命題のモデル*

(新科学対話（上）、岩波文庫、ガリレオ・ガリレイ著（1638年）、今野武雄他訳, p.165, 昭和36年）より。

＊…命題のモデル　曲げ材に関するガリレオの提出した8つの命題の一つ。

3-1 ガリレオによる実証的力学研究の始まり

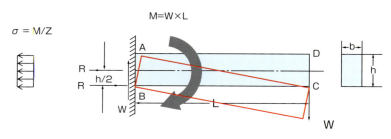

▲ガリレオの片持梁の応力分布

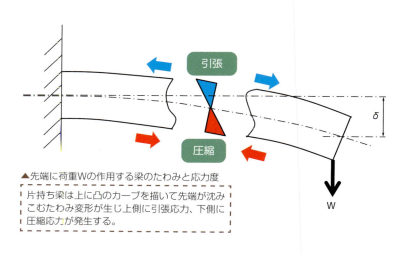

▲先端に荷重Wの作用する梁のたわみと応力度

> 片持ち梁は上に凸のカーブを描いて先端が沈みこむたわみ変形が生じ上側に引張応力、下側に圧縮応力が発生する。

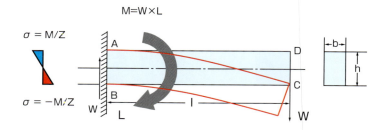

▲片持梁の最大曲げモーメントと最大応力度

> 最大応力度は片持ち梁の根本で発生し、曲げモーメントMを断面係数Zで除して求められる上端が引張、下端が圧縮応力度となる。

3-1　ガリレオによる実証的力学研究の始まり

■ 断面応力度の分布

この応力度分布は、梁の上縁で最大の圧縮応力度が発生し、梁高さの真ん中の中立軸でゼロとなり、梁の下縁で最大引張応力度となる三角分布となります。このような今日の構造力学の知識からすれば、ガリレオの等分布応力となるとの説明は誤りとなりますが、ここから、当時の構造の仕組み解明への考え方をうかがい知ることができます。

いま、梁の高さをh、幅をb、はりの長さ（スパン）をLとし、梁先端の重しをWとします。すると、梁の根本に発生する曲げモーメントMは、M＝W×Lで、この曲げモーメントによって発生する最大縁応力度σは、梁の断面係数Zは、$Z=bh^2/6$ ですので、σ＝±M/Zとなります。これより、断面応力度の分布は、図のように、最大応力度を底辺とする三角形分布となります。

■ ガリレオの功績

仮に梁をまったく変形の起こらない剛体と考えるとどうなるでしょうか？　この場合、梁の根本の下端点を回転中心として、片持梁は、壁の根本の位置で、梁先端の重りにより発生する転倒モーメントM＝W×Lによって、重力方向に傾こうとします。

これに対して抵抗する力をRとすれば、R×h/2＝M（＝W×L）となります。この抵抗力Rを、梁断面で等分布に受けると考えたのがガリレオの応力度の説明です。これは図をちょうど90度回転すると、重力式のマッシブな躯体の転倒モーメントとその抵抗モーメントを求めて安定を検証していることと同じです。

ガリレオの考え方による断面係数Zは、今日私たちが四角断面でとる$Z=bh^2/6$の3倍の、$Z=bh^2/2$ となることになります。

抵抗力Rは、
R＝σ×A　ここに、梁の断面積は、A＝b×h
これから、応力度σは、σ＝R/A
したがって、σ＝R/A ＝M×h/2×1/bh ＝M/($bh^2/2$) ＝M/Z
∴　$Z=bh^2/2$

ガリレオの片持ち梁の応力度が、今日の私たちの構造力学の答えとの異なるのは、ガリレオの時代には、作用する力に応じて梁が変形するという考え方はまだなかったことによります。

つまり今日、私たちが、考える梁、柱、などが作用力に応じて変形をするという構造物を弾性体として考えることがまだなかったために、応力度の考え方が異なった訳です。

今日からみれば、これを間違いであると見ることができますが、これを割り引いたとしても、ガリレオが構造を科学的アプローチにより解明しようとした第一歩の功績はあまりにも大きなものがあります。

3-2
断面の寸法と断面性能

梁の強さは何によって決まるのでしょうか？　答えは２つあります。一つは梁の材料そのものの性質（材質）です。もう一つは断面の形状・寸法（断面性能）です。

■ モノの強さ

ガリレオの新科学対話には、挿絵が添えられ、次のような命題が述べられています。

「もし、左の図のように定規が縁で立っていれば、なぜ大きな錘に耐えられ、右の図のように平たく横になっていれば、なぜより小さな錘にさえ堪え得ないのか」

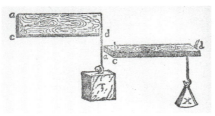

▲ガリレオの新科学対話による２種の片持梁

この命題に対し、「厚さより幅が大である任意の定規あるいは角柱は、縁で立っているときの方が平たく横になっているときより破壊抵抗力が強い」と結論されています。

私たちは、一般に「モノの強さ」と呼ぶときに、木材より石の方が強いといった材料の種類の違いによる性質（物性）に依存する強さと、もう一つは、モノの形に依存する強さの存在を経験的に知っています。

幅と高さの異なる角材を梁として使う場合、幅か高さかどちらか厚い方を、力の作用する方向にとります。ガリレオの説明は、このことを対話によって示したものです。つまり、より大きな破壊抵抗力を得るには、左側の図ように厚い方を高さ方向にとればよいということです。ガリレオは、さらに断面寸法とこの破壊抵抗力の関係についても述べています。

ガリレオの時代には、建物や橋に使われる材料では、剛度に対して自重の軽い鉄構造はまだなく、曲げを受ける部材としては、石材のほかに、木材による橋の桁や梁、建築の床梁、あるいは船の梁などでした。

規模がだんだん大きくなると、石造の梁や、仮置き中に２ヶ所の支えの上の石造の柱やオベリスクが、自分の重さによる曲げに抗しきれずに割れてしまうこともありました。

3-2 断面の寸法と断面性能

▲梁のクラック（アテネのゼウス神殿）

■ 自重による曲げ破壊の発生

この観察に基づいて、ガリレオの新科学対話では、経験的な知識として、梁や桁の長さが大きくなれば、それに応じて断面も大きくしているのに、破壊が起こるのはなぜかという命題をめぐって対話がされています。

例えば、建設中の大理石の梁を、支持する柱の間隔が長くなるに応じて、梁高を大きくしたにも関わらず、小さな梁では起こらなかった曲げ破壊が起こってしまうのはなぜか、といった質問とその回答があります。

この対話では、
「経験豊富な石工の親方は『小をもって大を推し量ってはいけない。機械大なれば、弱さ大なり』と指摘をするが、これはどのような意味か？」

と投げかけられた質問に対し、「部材の長さ、断面寸法が2倍になると、自重による曲げモーメントは2^4倍になるのに対して、抵抗モーメントは、2^3倍である。これゆえに、自重による曲げ破壊が発生しやすくなる」と述べられています。これは、今日私たちの知る知識と合致します。

スパンL、矩形断面の梁の高さをh、幅をb、自重をwとすると、曲げモーメントM_1は、$M_1 = wL^2/8$ となります。これに対して、梁の断面、スパンをそれぞれ2倍にしたときの曲げモーメントは、

$$M_2 = 2^2 w \times (2L)^2/8 = 2^4 wL^2/8$$

これより、$M_2/M_1 = 2^4$ となります。

これに対して、断面係数の方は、$Z_1 = bh^2/6$ を、断面寸法を2倍にすると、

$$Z_2 = 2b \times (2h)^2/6 = 2^3 bh^2/6$$

これより、$Z_2/Z_1 = 2^3$ となります。

ポンペイの舗装道路

　イタリアの世界遺産ポンペイは、火山の噴火で埋もれた古代遺跡として有名です。ポンペイとは、発送するという意味のギリシャ語Pempoに由来するといわれ、交易港の後背地として、紀元前数世紀にわたって栄えました。

　東西約1km、南北800mで形作られた整然とした街並みは、紀元79年8月24日のヴェスビオス火山の噴火で、突如として約800年の歴史を閉じることになります。火口から海に向けて高熱の硫黄ガス、灰、岩石が駆け下りる火砕流によって、周辺一帯は、7mもの火山灰に埋もれました。

　城壁、城門、建物、道路、インフラ、そして人々の日常生活の様子が、文字どおり再び日の目を見るのは、16世紀末以降に始まった発掘によってでした。

　ポンペイが古代ローマの支配下にあったのは、200年足らずですが、他の古代ローマの都市と同様に、広場、競技場、神殿、市場、浴場、穀物倉庫、一般の民家、井戸、そして舗装された道路が縦横に走っています。

　約4m幅の車道は、両側が縁石で歩車道境界が区分され、歩道や住宅の敷地より一段低くなっています。車道の路面は、70cmほどの不定形の石材が敷き詰められ、雨水を両側に流すために、かまぼこ状の横断勾配が付けられています。

　表層の下は、厚さ1m以上にわたって、水はけのよい砂利や土が、層状に締め固められた路盤となっています。道路が交差する近くの車道の上に、飛び石状に置かれた四角形の石材は、横断歩道で、歩行者は、この飛び石を伝って横断し、荷車の車輪はこの間をすり抜けるように通過していました。

　荷車の轍の跡である磨り減った路面のくぼみからは、忙しげに行き交う2000年前の荷馬車の車輪の音が聞こえてくるようです。ポンペイは、南イタリアのナポリから、さらに30kmほど南に下る。高速道路のインターを出ると、すぐ前がポンペイ遺跡の西の城門です。

表層の下は厚さ1m以上にわたって砂利や土の路盤となっている。

◀ ポンペイの舗装道路

■ 座屈の公式

梁は、曲げモーメントを受ける部材ですが、細長い棒状が、軸方向に力が作用する場合は、部材に引張応力、あるいは圧縮応力が発生し、これらを**軸応力**といいます。身のまわりでこのような部材は多く目にすることができます。例えば、天井から吊るされた照明基器具を吊るすケーブルは、引張応力が発生しており、建物の柱や、高架橋の橋脚には、圧縮応力が発生しています。

いま、圧縮力を受ける同じ断面の柱を徐々に長くしていくと、より小さな力で、部材は軸から横にそれて折れ曲がってしまいます。この現象を**座屈**といいます。ガリレオよりずっと後のことになりますが、スイスの数学者のレオンハルト・オイラー（1707～1783年）によって、柱の固定のしかたの違い、細長比の違いで座屈の公式が導かれました。

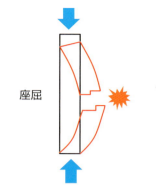

▲圧縮力を受ける長い柱の座屈

長柱の場合、より小さな力で、部材は軸から横にそれて破壊する。

▲レオンハルト・オイラー（1707～1783年）

1759年に発表した「オイラーの座屈公式」は今日も構造力学の基本をなしている。

3-3

弾性体の世界へ

　構造物は弾性体であるという考え方は、どのように始まったのでしょうか？　中学校の理科の時間に誰もが習ったフックの法則（Hooke's Law）が、この弾性体力学の始まりです。

■ 伸びと力は比例する

　フックの法則とはバネの下端に、いろいろな重さの錘を吊り下げる現象を観察すると、バネの伸びは、錘の大きさが大きくなるのに比例して増えること」として習ったと思います。横軸にバネに加える力、縦軸にバネの伸びをとると、1次比例をするので、直線のグラフが描けます。

　橋を科学する点から重要なのは、「針金やバネのような弾力性のある物体を引張ったり、圧縮して生じる変位と、これを最初の状態に戻そうとする力の強さは比例する」ということです。

　ロバート・フック（1635〜1703年）が論文＊「バネについて」としてこの法則を発表したのは、1676年のことです。ラテン語で「*Ut tensio, sic vis* ―（ウト・テンシォ・シク・ウィース）」と表現したそうです。これは、英語では、「As the extension, so the force」と訳され、意味は「伸びに応じて、力ありき」となりましょうか。つまり伸びと力は比例する、ということです。

　フックはさらに、乾燥した木材の一端を固定して水平に保ち、他端に重りを吊るした片持ち梁の実験を行い、梁は上側が凸となる変形が起こり上側に引張応力が、下側には圧縮応力が発生することも発表しています。フックによって、まさに今日の構造設計の基本中の基本である弾性体の世界へと踏み込んだのです。

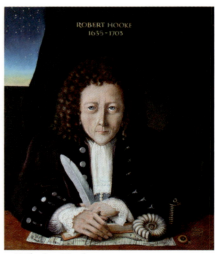
▲ロバート・フック
（想像による肖像画、2004年）

＊**論文**　『De Pontetia Restitutiva（バネについて）』1678年刊。

3-3 弾性体の世界へ

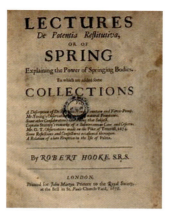

▲ロバート・フックの「バネについて」の表紙（1678年、ロンドン王立協会発行）

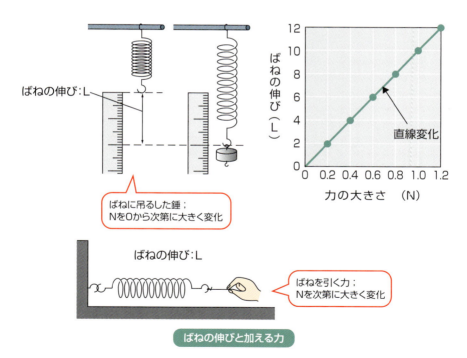

▲フックの法則に関する教科書の記述

3-4
古典力学の確立

　ガリレオによって始まった橋の科学である構造力学は、その後オイラーの梁のたわみ曲線、柱の座屈の研究、クーロン（1736〜1806年）のせん断力を考えた曲げ部材の研究を経て、ナビィエ（1785〜1836年）によって、19世紀前半に、**古典力学**と呼ばれる構造力学の方法が確立されていきます。これらの科学をもって19世紀以降の産業革命後期の鉄道、道路などのインフラ構造物の工学技術を支える知識がほぼ出揃ったことになります。

　17世紀のガリレオ、フック、そして18世紀のオイラーへと引き継がれた力学知識は、梁やトラスの解法から、補剛吊橋の理論へと発展への道をたどります。

世紀		橋の科学・技術知識		関連事項
17世紀	1638	ガリレオ新科学対話の梁理論		
	1676	フックの法則		
18世紀	1757	レオナルド・オイラー長柱の座屈理論	1747	フランスに土木大学設立
			1794	フランス理工科大学設立
			1796	フィンレイの吊橋
19世紀	1807	T.ヤングの法則、弾性係数	1818	イギリス土木学会設立
	1808	ナヴィエ、Resume des Lecons発行	1824	スマート　ラチス桁の特許取得
	1829	ポアソン、ポアソン比の概念	1847	イギリス　ディー川鉄道橋落橋
	1843	モズレー、「材料の強度」発行	1848	ワーレン　トラス桁で特許取得
	1857	Clapeyronの「3連モーメント」	1849	ロベリング　ナイアガラ吊橋
	1862	Cremonaによるトラス図式解法	1856	ベッセマー　転炉法
	1872	Ritterによるトラス図式解法	1867	マーチン　平炉法
	1873	Bowによるトラス図式解法	1874	アメリカ　イーズ橋
	1874	Culman Levyによるトラス図式解法	1883	アメリカ　ブルックリン吊橋
	1875	静的不静定構造の解析手法確立	1890	イギリス　フォース鉄道橋
	1877	W.Ritter補剛吊橋の理論		
	1888	Melan　吊橋の弾性挙動の理論		

▲橋の科学技術知識の発達年表

■ 曲げを受ける梁の力学

フックによって踏み込んだ弾性体の知識がもととなって、今日私たちの構造力学の基本となっている曲げを受ける梁の力学挙動が説明されることになります。

すでに述べたように、フックが実験した片持ち梁は、上に凸のカーブを描いて先端が沈みこみある曲率でつり合います。これは外力によって発生する梁を曲げようとする力（曲げモーメント）が梁の曲げ抵抗力とバランスしている状態です。外力による曲げモーメントは、梁の内部で上側が圧縮、下側が引張という2つの軸力により発生する偶力が曲げ抵抗力ということです。つまり梁に作用する曲げモーメントとは、この梁の内部で発生する2つの軸力による偶力と一致することになります。

曲げモーメントを受けている片持ち梁のある微小な部分を切り取って考えると、曲げモーメントが作用する前は、このある部分は長方形の形状をしていますが、外力が作用し、梁が曲げ変形を受けると、この長方形は、上端は短く、下端は長い台形に変形します。

いま、この台形の中立軸から y の位置に着目し、この箇所のもとの長さを dx、変形量を Δdx とします。変形した梁の曲率半径 ρ と dx を2辺とする三角形と、y と Δdx を2辺とする三角形は相似形なので、

$\rho / dx = y / \Delta dx$ の関係があり、

これから $\Delta dx / dx = y / \rho$ となります。

水平方向に微小の幅に区切った棒部材

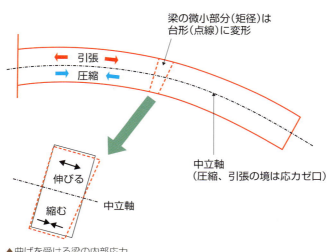

▲曲げを受ける梁の内部応力

を、フックの法則を説明したばねとしてイメージすると、伸びる前の長さdxが引張力によって、Δdxだけ伸びたことになるので、引張力によって起こる伸びの割合を示す値、すなわち、ひずみεは、$\Delta dx/dx$となり$\varepsilon = \Delta dx/dx$と置けます。

これを$\Delta dx/dx = y/\rho$に代入すれば、$\varepsilon = y/\rho$となります。

フックの法則では、ばねにかかる力は、ばねの伸びに1次比例するので、着目箇所の、軸力による変形は、応力σにばね常数をEとすれば、このEを乗じた$\sigma = E\varepsilon$となります。

これに$\varepsilon = y/\rho$を代入すると、

$\sigma = E\varepsilon = E \times y/\rho$となります。

このイメージしたばねにかかる力σが、はりの断面に曲げモーメントを発生させます。

着目箇所では、中立軸から距離yの位置で力σが作用することから、曲げモーメントMは、σdAに中立軸からの距離yを乗じた$y\sigma dA$を積分して求められます。

すなわち、曲げモーメントは、
$M = \int y\sigma dA$となります。

これに先ほど得た$\sigma = E \times y/\rho$を代入すると、
$M = \int y\sigma dA = E/\rho \int y^2 dA$となります。

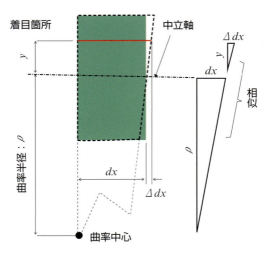

▲Eの微小部分の変形

3-4 古典力学の確立

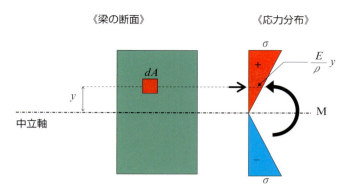

▲梁の応力分布

ここで、中立軸からの距離 y の2乗に面積 dA を乗じた $\int y^2 dA$ は、断面2次モーメントとなりますので、$I = \int y^2 dA$ とおくと、$M = E/\rho \int y^2 dA = E/\rho \times I$ となります。

すなわち、$E/\rho = M/I$ となり、
$\sigma = E \times y/\rho = M/I \times y$ となります。

つまり、曲げモーメント M を断面2次モーメント I で除して、中立軸からそこまでの距離 y を乗じたものが、その箇所の応力 σ ということになります。

矩形の梁の場合、最大縁応力度は、
$\sigma = M \times 2h/I = M/Z$ となります。

ガリレオのたわみ変形のない剛体から出発したはりの理論は、フックの弾性体の概念と出会い、オイラー（1707〜1783年）のたわみ曲線や、クローン（1736〜1806年）のせん断、曲げの研究を経て、ナヴィエ（1785〜1836年）によって19世紀前半に完成しました。

今日につながるはりの古典力学の確立は、17世紀前半からおよそ2世紀にわたる時間の経過が必要でした。

材料力学の父……ティモシェンコ

　ステパーン・ティモシェンコは、20世紀における材料力学の父とも呼ばれ、世界中で最も広く知られた材料力学の研究者であり、工学教育者でした。

　ティモシェンコは、現在ウクライナに属するロシアで生まれ、サンクトペテルブルク交通工科大学で教育を受けました。その後、29歳の若さでキエフ工科大学の教授に就き、有限要素法による弾性体の変形の解析法であるレイリー法の手法や、座屈の研究を行い、著名な教科書『Strength of materials』を発行しました。

　ロシア革命、第1次大戦後の1922年に、アメリカに渡り、ミシガン大学、スタンフォード大学で教鞭をとり、さらに材料力学の研究、教育で活躍しました。ミシガン大学では、はじめて大学教育過程としての工業力学のカリキュラムを策定しています。

　ティモシェンコの業績は、材料力学、弾性論、材料強度学、振動論などの研究にとどまらず、工業力学の教育にも及び、材料力学、弾性、強度などに関する教科書を執筆しています。これらは日本を含み世界中の各国で、翻訳出版され現在でも用いられています。

▲ティモシェンコ
（1878～1972年）

第4章

橋のできるまで

　「ものつくり」において、橋と自動車や電気製品のような工場製品との大きな違いは、出来上がった製品が一品ごとにすべて異なることです。特定の条件のもと、所定の役割を果たすように、規模、構造形式、材料、架設方法などがそれぞれ決められます。

　橋のできるまでの過程は、個別与えられた条件に応じて設計を行い、その設計に基づいて工場で製作された材料を用いて、現地で架設を行うまでの一連の流れです。

　本章では、橋の設計から製作、架設まで橋のできるまでのそれぞれの技術について説明します。

4-1 設計とは

設計という行為とはどのようなことかという基本的な事柄について、身近なものつくりの手順を思い浮かべて理解をしましょう。

■ 設計の目的

もし、荷物を載せる棚をつくるとしたら、つくり始める前にどのようなことを考えるでしょうか？

まず何を載せる棚なのか、棚をつくる用途、目的を考えます。例えば、重さは最大でも30kgで載せる荷物の寸法は、奥行きが30cm、幅50cm、高さ30cm以下などと、棚の役割である荷物を載せるという目的の具体的内容を確認するでしょう。

この棚の目的は、すなわち、棚の**要求性能**です。さらに、設置する場所の状況を調べるでしょう。例えば、棚を設置する場所のスペース上の制約や、棚を固定する壁の状況などです。

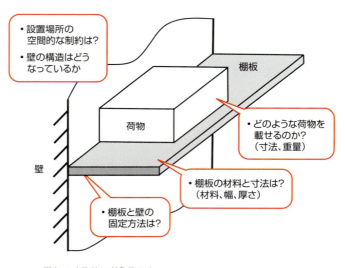

▲棚をつくる前に考えること

■ 構造を考える

次いで、この性能を実現するためには、どのような材料で、棚板の厚さをどのくらいとするか、棚の壁への固定の方法はどのようにするかなど、すなわち**構造**を考えます。構造を考えるためには、荷物が棚に載ると、棚板と壁の固定の部分や、棚板そのものにはどの程度の応力が発生するのかということを知る必要があります。これが**構造解析**です。実際に棚をつくるまえにしておかなければならないこれらの一連の作業が、**設計**です。

この棚の例では、棚板の幅は、載せる荷物の奥行きが30cmなので、これに余裕を見た幅としよう、壁への棚板の取り付けは、最大30kgの荷物が載るのでこの重さによってつけ根に発生する最大の曲げモーメントに十分抵抗できるように金物で固定しよう、さらに、棚板は加工しやすい板を使うが、この板の厚さは、この最大の曲げモーメントに耐える厚さの板を使おう、という手順で各部の寸法を決めることになるでしょう。そしてこの決定したことを、メモに残すでしょう。

■ 設計結果を表現する

棚板の厚さ、寸法などを要求性能から決めた結果をメモとして残すということは、設計者から棚をつくる施工者への設計意図の伝達書類の作成に相当します。設計結果の表現方法の代表的なものが、設計図面です。

設計図では、設計されたモノの規模、形状、組み立て形状などの寸法に関する情報と、接合の方法、組み立て方法、そして、材料に関する情報が含まれてなければなりません。この設計図を見ることで、棚を作るために必要な材料を拾い出す材料表の作成ができ、それに基づいて材料が準備されます。

設計図面の種類	設計図の含む情報
一般図	構造計画の全体を示すもので概要図。
設計図	使用材料の特定ができ、数量を把握して積算、入札準備ができる。一般図とあわせて契約図書となるもの。
詳細設計図	工場や現場での製作、施工手順を反映した詳細な図面。実施設計図で施工手順や架設図のほか、応力図、材料リストも含まれる場合もある。

▲設計図面の種類と内容

4-2

設計の手順

それでは橋の設計では実際にどのようなことをするのでしょうか？　設計の手順について見てみましょう。

■ 基本計画を検討する

道路橋の場合、橋の設計で、最初にすることは、架けようとしている橋の目的の確認です。この段階では、**予備調査**を行います。橋は道路の一部であるので、橋が通る道路の交通量や、路線計画を確認することになります。

橋の架かる場所の地形、地質、土質や、架かる場所が河川であれば、河川の調査、あるいは周辺道路などの関連交通量なども調査を行います。

これらの条件に基づき、橋の最も基本的な事項である橋の幅員、渡河の長さ、路面の高さや、川とどのような角度で交差するかなどの縦断位置や、平面配置などの基本的な橋梁の配置を決定します。これが**基本計画**と呼ばれる設計手順です。また、橋に作用する荷重の確認もこの段階で行います。

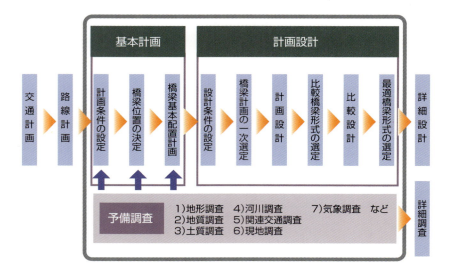

▲橋の設計の手順

4-2 設計の手順

■ 最適橋梁形式の選定

基本計画に基づいて行われる計画設計では、橋梁形式の選定を行います。地形条件によって、橋台、橋脚などの下部工設置との関係から上部工のスパンを想定し、それに対する橋梁形式を複数案選定します。

この橋梁計画の1次選定を経て、過去の実績等を参考にしながら計画設計を行い、比較設計の形式の選定を行います。これらの比較橋梁を技術的、経済的、景観などの視点から比較することで、**最適橋梁形式の選定**を行います。

橋梁形式が決まれば、橋梁そのもの具体的な内容を決める**詳細設計**に着手します。詳細設計を狭義の**設計**と呼び、それ以前の基本計画、基本設計を計画と区分する場合もあります。

COLUMN シドニー・オペラハウスの設計

建造物の建設では、設計は全体を支配する要です。船の帆を連想させる曲線屋根で世界的に有名なシドニーのオペラハウスは、20世紀建築の最高傑作の1つとされています。設計は、233件の応募の中から選ばれたまったく無名のデンマークの建築家によるものでした。花弁のように見えるコンクリート製の屋根は、すべてが同じ球体の一部から切り出した曲面であるなど、随所に独創性のある複雑な構造は、優雅な姿を創り出しましたが、実施段階の設計や施工の途中では、多くの難問を生み出すことになりました。構造解析には、はじめてコンピューターが導入されましたが、設計は遅れに遅れ、すべての工事が終了したのは、1955年の設計の選出から実に20年近くも経過した1973年のことでした。

▲シドニー・オペラハウス（シドニーのハーバーブリッジのアーチ頂部から）

4-3 詳細設計

詳細設計を開始するにあたり、まず設計条件の設定を行います。予備調査結果で不足している調査項目、特に、予備調査以後に橋梁形式が決定したことによって追加される調査項目や、過去の類似事例の実績などから設計条件を設定します。

■ 線形計算と構造解析

設計条件が設定されれば、これ以後、具体的な設計計算に入っていきます。道路の一部である道路橋は、道路中心線を基準にして、道路の形状、寸法などから、構造各部の位置の計算をすることで詳細な橋の形状を把握します。これを**線形計算**と呼んでいます。

線形計算が橋の形を把握するための計算であるのに対し、**構造解析**は設計荷重（外力）が橋に作用するときに、橋の各部に発生する応力を調べる計算です。設計条件で与えられた橋に作用する自動車や地震、風などの荷重を橋のモデルに作用させて、橋の構造各部にどのような応力が発生するかを計算によって求めます。

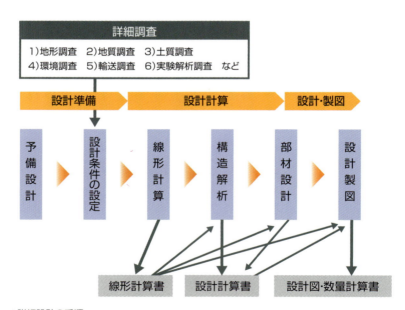

▲詳細設計の手順

かつて1960年代頃までのコンピューターの出現以前は、構造解析は、計算尺、そろばん、そして機械式計算機によっていましたが、設計計算の中でもこの構造解析が最も時間がかかる設計の工程でした。コンピューターの普及と共に有限要素法などの数値解析法も開発され構造解析の速度と精度は大幅に向上しました。

■部材設計の方法

構造解析によって橋を構成する各部の部材力が求められれば、次に行うのがこれらの部材力に応じて、各部材の材質、断面構成などを決定する**部材設計**です。鋼橋は工場で製作した部材を現場で連結することになりますので、輸送ができるように長さ、重量に応じて橋の部材をつくるので多くの継手が出てきます。この継手の設計もこの部材設計に含まれます。

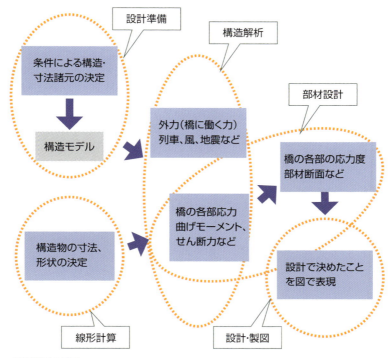

▲詳細設計の範囲

4-3 詳細設計

部材設計の方法は、大きく分けて許容応力度設計法と限界状態設計法という方法があります。**許容応力度設計法**は、これまで最も長い間使われてきた方法で、部材強度をその部材を構成する材料で許容される応力度以下となるように断面寸法を決める部材強度を照査する方法です。

これに対し、**限界状態設計法**は、コンピューターが利用されるようになって採用されるようになってきた設計法で、橋の終局状態、使用限界状態、疲労限界状態の各状態について照査をする方法で部材設計を行います。

■ 設計製図

詳細設計の最後の段階が、**設計製図**です。線形計算や部材設計の結果を、図面で表現をします。橋の形状を示す線形計算の情報と部材設計の情報をもとにコンピューターで作成された図面情報をもとにCADで図面が作成されます。

橋の主構造以外の支承、高欄、伸縮装置、落橋防止装置などは、主構造の設計計算の工程とは別の流れで個々に行われ、設計製図も個別に作成されます。

また、設計計算の途中で得られたデータは、線形計算の情報と併せて3次元情報であるため、これらをもとに3次元図面を描くことも可能です。

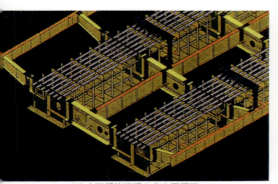
▲RC床版鋼箱桁橋の3次元図面

▲RC床版鋼箱桁橋の3次元図面（部分拡大）

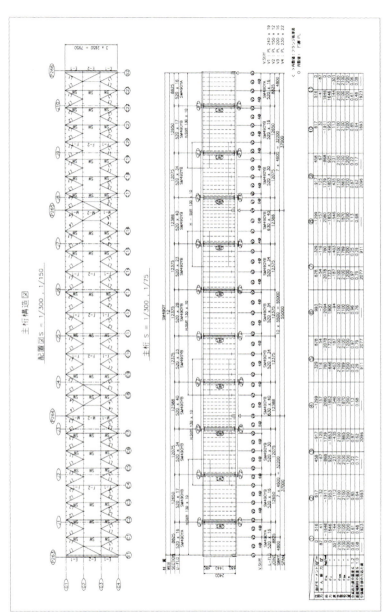

▲鋼板桁のCAD主桁構造図

主桁に断面構成を寸法、フランジ幅、厚さ、補剛材間隔などを示し、図面の下段の表には部材設計の応力度が示されている。

4-3　詳細設計

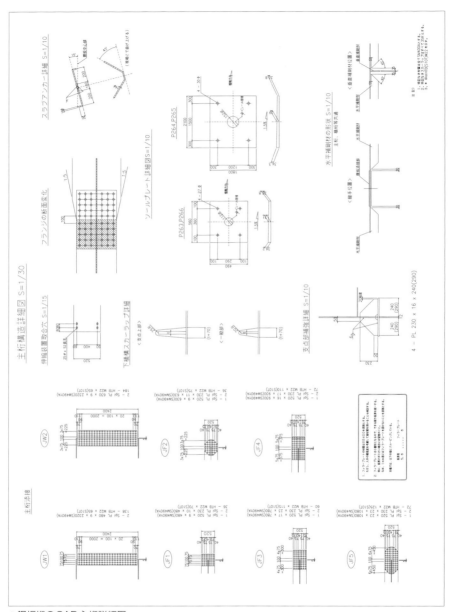

▲鋼板桁のCAD主桁詳細図

主桁の継手、支点部のソールプレート、鉄筋コンクリート床版のアンカーなどの部分の詳細を示している。

4-4 詳細設計の種類

詳細設計では、設計条件に従って構造解析を行い、その結果をもとに部材の設計によって橋の各部の詳細を決定します。この過程で、各種の個別の設計が実施されます。

■ 耐震設計

耐震設計は、1923（大正12）年の関東大震災以後、大地震のたびに設計方法が改善されて来ました。実際の地震荷重の橋への作用のしかたは複雑であるため、**震度法**と呼ばれる慣用的に行われている耐震設計では、設計計算を簡易化するために、動的な地震動を静的な水平方向力として構造解析をします。

橋に作用する地震荷重の水平方向力Pは、橋が受ける水平加速度をαとすれば、加速度に質量を乗じて得られるので、構造物の重量をW、重力加速度をgとして、地震荷重による水平力は、P＝W／g×α＝kWとして扱います。この場合、kを**震度**と呼び、地域や地盤の条件によって0.1〜0.35の値がとられます。

つまり、鉛直方向の10％から35％に相当する力を水平方向に作用させることで、**地震力の作用**と考えています。Wは構造物の重量のみをとり、橋に載荷する自動車荷重などの一時的に作用する荷重は考慮しません。これは、自動車荷重が満載で、同時に最大の地震荷重が作用する確率は極めて低いという確率的な考えによります。

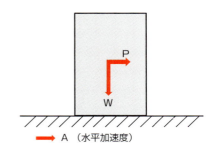
▲震度法による地震荷重

■ 疲労設計

疲労破壊とは、繰り返し作用力を受ける構造物の部材が脆性的に破壊を起こす現象で、振動を受ける自動車部品や、機械部品などでは重要な設計上のポイントです。交通車両によって繰り返し荷重の作用する橋も同じですが、かつては橋の自重（死荷重）に対して載荷荷重（活荷重）の比率のより大きな鉄道橋にのみ考慮され、道路橋では、直接輪荷重の作用する鋼床版に対してのみ適用されてきました。

しかし、道路橋においても鋼材の高強度化による重量減や、構造解析技術の発達により部材の軽量化が進み、さらに自動車交通量の増加、大型化などにより活荷重の死

4-4　詳細設計の種類

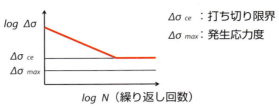

▲疲労強度曲線

荷重に対する相対的な比率が高まり、繰り返し作用力（応力の振幅）が高まった影響から、道路橋でも疲労を考慮した設計が行われるようになりました。

疲労破壊の原因は繰り返し荷重と共に、応力集中部の存在です。このため、鋼板を溶接で組み立てて部材を構成する鋼橋で、繰り返し荷重の影響を受ける場合は、溶接継手の種類による応力集中度合いも考慮することになります。

まず、疲労設計では、疲労耐久性の高い継手の選定が重要なことです。疲労耐久性は、作用力繰り返しの回数によって漸減し、一定の繰り返し回数でそれ以上は低下しない限界（疲労限界）になります。したがって、疲労設計では、選定された継手に対して、応力照査によって比例限度以下であるか照査をします。その上で疲労限度以下が確認されない場合は、断面を増加したり、継の位置を変更したりして応力レベルを下げる方策をとります。さらに、溶接部の仕上げを変えて応力集中の度合い下げるようなことも疲労改善対策として行われています。

■ 耐風設計

風の構造物への採用は、地震の場合と同様にきわめて複雑です。実際の風の採用は、動的であり振動現象です。小規模な橋梁の場合風の動的影響が限定的であることや、設計計算の便宜から風荷重を静的な力と扱うことが一般的に行われています。

風が橋に作用すると橋体には、風向と同じ方向の力（抗力）や、上下方向の力（揚力）、あるいは橋体を回転させる力（空力モーメント）が作用します。静的な耐風設計では、このうち、抗力を風荷重として扱い、抗力のみを水平方向の等分布荷重として橋の側面の投影面積に作用させて構造解析を行うことで風荷重への考慮をしています。

一方、橋の規模が大きく、吊橋のように全体剛性の小さい構造では、風によって振動現象が発生します。このため、風の影響について動的な扱いが必要となります。箱断面などのように矩形の構造物に風が作用すると秒速10ｍを超える程度の比較的低風速でも風向に直交する方向に振動が発生することがあります（限定振動）。

144

4-4 詳細設計の種類

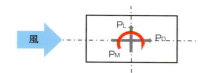

P_D：抗力　P_L：揚力　P_M：空力モーメント
▲橋体に作用する風荷重

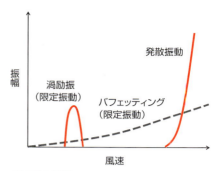

▲風の動的影響

　また、吊橋などでは風速がある以上になると桁が上下方向に振動したり、ねじれ振動が生じる振動現象（発散振動）があります。

　全体剛性の小さな構造に対する耐風設計では、風の作用を動的な振動として考えて、桁断面の形状の面から空力的な対策や、ダンパーなど振動を抑える装置を設置するなどの対策がとられることになります。なお、動的挙動の検証のために縮尺模型を用いた風洞実験が行われることもあります。

■ その他の詳細設計

　詳細設計の段階で、特に腐食環境が厳しい場合などは、個別の条件を考慮した防食対策のための防食設計や、景観上の配慮が特に求められる場合には、景観設計が行われます。

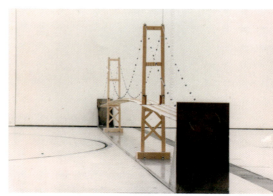

▲吊橋（箱断面補剛桁）の風洞実験
縮尺模型を用いた風洞実験によって風に対する吊橋の動的挙動の検証が行われる。

瀬戸大橋

瀬戸大橋は、本州と四国をつなぐ3本の連絡橋のうち、最初に開通したルートです。岡山県児島と香川県坂出を、瀬戸内海の島伝いにつなぎ、道路が上側、鉄道が側下層を通る道路・鉄道併用橋です。

岡山側の児島から快速マリンライナーに乗るとわずか20分足らずで四国の坂出に到着します。橋ができる前は、瀬戸内海を越えるのは、列車から連絡船、そしてまた列車へと乗り継ぐちょっとした小旅行であったそうです。

本州と四国をつなぐ夢は、古くは明治からありましたが、計画の具体化への動きは、戦後になって、空前絶後の1155人もの死者を出した青函連絡船の洞爺丸事故や、宇高連絡船の船舶事故がきっかけでした。

この連絡橋建設への機運と、折からの高度経済成長、そして技術の進歩の波長が一致した昭和40年代後半から、プロジェクトが動き出しました。

世界の長大橋建設プロジェクトは、歴史的に見ると、なぜか世紀の変わり目前後に集中しています。19世紀から20世紀は、ニューヨークのブルックリン吊橋から、当時世界最長のベラザノナロウズ吊橋などアメリカ東部で大きな橋が建設されました。

そして、20世紀の末から、21世紀にかけて、瀬戸大橋の橋梁群や、明石大橋などの本州四国連絡橋、北欧での海峡連絡路、そして香港、上海など中国沿岸部でも長大橋梁が建設されました。

長大橋をはじめとしたインフラストラクチャーの整備される時期は、国力の充実期です。どの国も「土建国家」の時期があるものです。これは、古代エジプト、ギリシャ、ローマ帝国も例外ではありません。

瀬戸大橋の四国側の備讃瀬戸には、2つの吊橋があります。このうち、北備讃吊橋のタワーの頂上から岡山側を望むと、カーブを描く与島橋を経て、石黒、櫃石の2つの斜張橋、そしてはるかに下津井瀬戸大橋が見えます。

北備讃瀬戸の塔頂より石黒、櫃石の斜張橋を臨む風景。

◀ 瀬戸大橋

4-5 鋼橋の工場製作

短いスパンに架けるプレテンションのPCコンクリート桁や、鋼橋の部材の製作は工場で行われます。特に鋼橋は、製作工場が第2の現場ともいえるほど多くの施工の工程が行われます。

■ 一般的な製作工程

鋼橋の工場製作は、前工程の設計、後工程の現場施工の中間に位置しますが、特に詳細設計とデータの受け渡しにおいて密接な連携を必要とします。

鋼橋の製作は、詳細設計が行われたのちに、材料を手配し、鋼板や型鋼の素材加工のための原寸作業、罫書き、切断を行い、次いで溶接によって平面部材の組み立て、ブロック組み立てを行います。その後仮組み立て、塗装の手順をとるのが一般的な製作工程です。

■ 工場での製作

材料手配とは、製作する橋梁を作るための部材を切り出すための大板を製鉄会社（ミルメーカー）に注文することです。大板をつくるのに1～2ヶ月かかるので、先行して大板を発注しておき、入手できるまでの間に切断する部材の寸法を決める作業をします。この作業を**原寸作業**といいます。

昔は、設計図をもとに原寸大の図面を建屋の床に描いていました。原寸大で描きますので、作業を行う建屋は幅15m、長さ50～60m以上の体育館のような大きな建屋で、床は木板張りか鋼板張りとなっていました。

第4章 橋のできるまで

▲工場製作の位置付け

4-5　鋼橋の工場製作

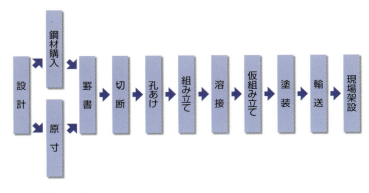

▲鋼橋の製作の手順

▲NC罫書き

所定の寸法の鋼板を切り出すためのマーキングをNC制御で行う罫書き。

▲プラズマ切断機*

　これは、所定の寸法の鋼板を切り出すための情報づくりの工程で**罫書**（けがき）と呼ばれています。ちょうど洋服をつくるときの型をとる工程に相当します。今日では、原寸作業は、設計図面からデジタル情報の受け渡しを受けて製作情報を製作機械に供給するコンピューターシステムで行われます。

　橋梁のすべての部材はガス、プラズマ、レーザーなどの切断機で大板から切り出され、これらのパーツを溶接ロボットを駆使しながら組み立てて、橋のいろいろな部分となる部材が出来上がります。

＊プラズマ切断機　提供：一般社団法人日本橋梁建設協会。

4-5 鋼橋の工場製作

▲パネル溶接*1

▲箱桁組み立て*2

▲箱桁内外の溶接*3

▲仮組み立て*4

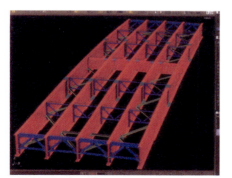
▲数値仮組み立て*5

センサーを駆使した計測システムをもとに、コンピュータシミュレーションによる仮想組み立てが行われている。

▲塗装作業（下塗り）*6

最後に工場の敷地内で、各部材を架設現地と同じ様に全体を組み立てて、精度の確認をする**仮組み立て**を行います。確認ができれば、塗装をして現地に向けて出荷されます。

*1～6　提供：一般社団法人日本橋梁建設協会。

4-5 鋼橋の工場製作

▲塗装膜厚検査[1]

▲運搬　桁の陸上運[2]

▲運搬　桁の海上運搬[3]

■ コンピューターによる設計・製作システムの変化

　情報処理技術の発達とともに、工場での製作は、昭和末期から平成にかけて大きく変化しました。設計から製作までのコンピューターによるソフト・ハードの一環システムによって、工場のレイアウトも変わり、特に組み立て工程では、多関節型ロボットが自動車工場と同様に橋の部材の溶接作業の主力を担っています。

　仮組み立ても、コンピューターとセンサーを駆使した計測システムにより、コンピュータシミュレーションによる仮想組み立てが実施されるようになりました。

[1]～3　提供：一般社団法人日本橋梁建設協会。

4-6 橋の架設工法

橋を架ける工法を決めるための条件は大きく分けて2つあります。一つは、架設しようとする橋そのものの形式や規模によるものです。もう一つは、架設をしようとする現地の条件、主に地理的、地形的な条件です。

■ 架設工法の選定

これらの条件に基づいて、厳しい騒音防止が必要となる近隣に住宅、事務所などがある市街地か、あるいは山間部であるかなどの環境作業上の制約と共に、架設機材や、現地への部材の運搬の条件、経済性、安全性を考慮することで、架設工法の選定が行われます。

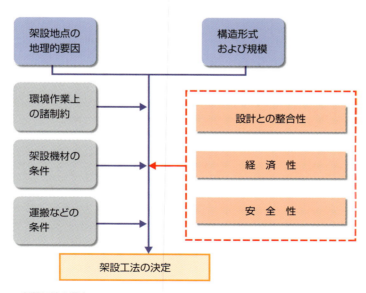

▲架設工法の選定

4-6　橋の架設工法

■ ベント工法、足場架設工法

　コンクリート桁および、鋼橋の架設において、架設現地の桁下が地形的にも平坦で、かつ未開通の道路や工事占有地として工事中に使用することができる場合、この桁下にベントや支保工足場を設置したり、クレーン車を進入させたりして、桁の架設やコンクリート打設などを行う方法が選択されます。

▲ベント工法*
トラッククレーにより桁架設を行うベント工法。

▲PC桁の足場架設

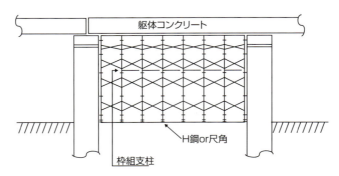

▲支保工足場によるPC桁の架設*

*ベント工法　提供：一般社団法人日本橋梁建設協会。
*…の架設　提供：一般社団法人プレストレスト・コンクリート建設業協会。

■ 自走式クレーン架設工法

自走式クレーンは、トラッククレーンやクローラクレーンで製作されたPC桁や、工場から搬入された鋼桁を架設する工法です。ベント支保工を用いてその上に、桁のブロックを架設していくことが多いのですが、スパンが短いプレテンPC桁では、桁全体を1ブロックとしてベントなしで架設をする場合もあります。

▲鋼箱桁のトラッククレーンによる架設＊

▲プレテンPC桁のトラッククレーン架設

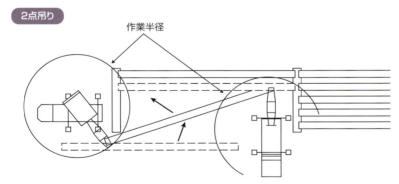

▲トラッククレーンの共吊りによるプレテン桁の架設＊

＊…**による架設**　提供：一般社団法人日本橋梁建設協会。
＊…**の架設**　　　提供：一般社団法人プレストレスト・コンクリート建設業協会。

4-6 橋の架設工法

■ 送り出し架設工法

架設現地のアプローチ区間で、鋼桁の組み立て、あるいはコンクリート桁の製作ができるスペースがある場合、ここで送り出す桁の先端に仮設の手延べ機を取り付け、桁を送り出す方法が**送り出し架設**あるいは、**押し出し架設**工法と呼ばれる方法です。

送り出したあと、桁の後部にコンクリートを打ち継いでPC鋼線で結合したり、鋼桁の場合は、新たなブロックを連結したりしながら、順次送り出して行きます。桁の送り出しは、送り出す側の橋台で集中して押し出す場合や、各橋脚に複数の装置を設置する場合があります。

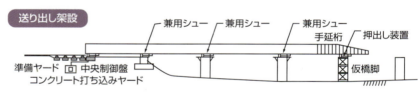

▲鋼桁の送り出し工法[*1]

▲PCコンクリート桁の送り出し工法[*2]

[*1] 提供：一般社団法人日本橋梁建設協会。
[*2] 提供：一般社団法人プレストレスト・コンクリート建設業協会。

4-6 橋の架設工法

■ケーブルエレクション工法

ケーブルエレクション工法は、両岸に建てた鉄塔の間にケーブルを張り渡したケーブルクレーン設備により部材の所定位置までの運搬および据え付けを行います。張り出される橋体は、鉄塔から斜めに張ったケーブルで吊ることで支持されます。

山間部の谷間に架けるアーチ橋の架設で、一般的な架設工法です。ケーブルで架設中のブロックや、橋体を支持するために、主索の伸びや、塔の変形により架設途中の橋体の変形が大きい。このため、部材の継ぎ手は閉合までは、必要最少本数の仮ボルトによって連結を進めていきます。

▲ケーブルエレクション工法による
　鋼アーチの架設①*

閉合間近な鋼アーチ橋。

◀ケーブルエレクション工法による
　鋼アーチの架設②*

閉合ブロックの架設。

＊…の架設（1～2）　提供：一般社団法人日本橋梁建設協会。

4-6 橋の架設工法

■張出架設工法

張出架設工法は、支点部からスパン中央に向けて、先端に桁ブロックを付け足しながら桁を架設する工法です。**送り出し工法**は桁の後部にブロックを追加して、桁全体をスライドさせるのに対し、張出工法は、桁先端に付け足す点が異なります。

コンクリートアーチ橋や、斜張橋の場合、先端にコンクリート打設をする移動足場、型枠の設備を備え、順次先端に移動して張出を行います。鋼板桁やトラス桁の張出架設工法では、張出先端にクレーンを備えて桁の後方または、直下から工場から搬入された桁ブロックや部材を吊り上げて継ぎ足しながら張出を行います。

▲コンクリートアーチの張出架設[*1]
張出部先端に移動足場、後方に資材運搬のゴライアスクレーンが設置される。

▲コンクリート斜張橋の張出架設[*2]

▲鋼斜張橋の張出架設[*3]

[*1~2] 提供：一般社団法人プレストレスト・コンクリート建設業協会。
[*3] 提供：一般社団法人日本橋梁建設協会。

4-6 橋の架設工法

▲ RC橋脚と少数板桁のラーメン構造の張出架設工法[1]

▶ 鋼連続トラスの張出架設[2]

トラス上にはトラベラークレーンが設置され後方から供給される部材で先端を継ぎ足しながら張り出していく。

＊1　提供：一般社団法人日本橋梁建設協会。
＊2　提供：一般社団法人日本橋梁建設協会。

4-6 橋の架設工法

■大ブロック架設工法

架設現地が海上であったり、既設道路上であったりと環境条件が厳しい場合は、少しでも現地での架設時間の短縮が求められます。施工条件の良い工場や陸上で、できるだけ多くの作業を終了して、あとはそのまま輸送して一気に架設をする工法が**大ブロック架設工法**です。かつて本州四国連絡橋や、アクアラインなどの海上工事が継続した1980年代から90年代には、大ブロック架設工法による一括架設が頻繁に採用されました。

▲フローチングクレーン船による大ブロック架設[*1]
3隻のクレーン船によってアーチ橋全体を吊り上げて架設された。

◀自走台車による大ブロック架設[*2]
近くのヤードで組み立てた大ブロックを自走式に積載して桁下まで搬入しそのまま架設され、短時間のうちに桁下道路の交通解放がされた。

[*1～2] 提供：一般社団法人日本橋梁建設協会。

COLUMN ポルトガルのドン・ルイスⅠ世橋

　ポルトガル第2の都市ポルトは、数多くの歴史的建造物が残る世界遺産の古都です。大航海時代のエンリケ航海王の生誕の地であり、ポルトワインの生産地としても有名です。

　丘陵の上に広がるポルトの街の南側を、ドウロ川が切り立った急斜面の下を東から西に流れて大西洋にそそいでいます。ドン・ルイスⅠ世橋はこの川に架かっています。錬鉄製アーチのドン・ルイスⅠ世橋は、中央スパン172.5m、高さ42.5mの規模で、1885年の完成当時、世界最大でした。

　この橋の完成には、それ以前に建設された2つの類似したアーチ橋の影響があります。一つは、ドン・ルイスⅠ世橋のすぐ上流に、フランスのエッフェルによって架けられたマリア・ピア橋です。ドン・ルイスⅠ世橋の8年前に完成したこの橋は、中央スパンは160mと一回り小さいですが、完成当時は世界最大でした。

　このマリア・ピア橋は、エッフェルの橋梁会社がアーチ構造で飛躍をするきっかけとなった橋でした。のちに建設されるパリのエッフェル塔も、タワー基部はアーチ構造です。

　もう一つは、やはりエッフェルの手になる南フランスのガラビ鉄道橋です。マリア・ピア橋で成功を収めたエッフェルは、ガラビ鉄道橋の建設で指名を受け、マリア・ピア橋完成2年後に着工し、1884年に完成させます。中央スパンは165mでマリア・ピア橋を5mほど凌ぐ規模でした。

　これら2つの橋の技術を引き継いで完成したのが、ドン・ルイスⅠ世橋でした。ガラビ鉄道橋を7.5m超えて世界最大規模となりました。構造は、マリア・ピア橋、およびガラビ鉄道橋の流れをくむ兄弟橋ですが、設計はエッフェルの手によるものではありません。

　ドン・ルイスⅠ世橋が、その規模の他に2橋と異なる点は、橋の上段と水面近くの下段の上下2段のレベルで両岸をつないでいることです。上段は、現在では地下鉄が通り、下段は自動車道路となっています。

◀ドン・ルイスⅠ世橋（ポルトガル・ポルト）

上下2段で両岸をつないでいる。

MEMO

第5章

橋を支える技術

　自動車や列車が通る道路や軌道が載る橋桁の部分を上部工（じょうぶこう）と呼び、この上部工を支えるのが下部工（かぶこう）です。下部工は、橋台や橋脚で上部工からの荷重を地盤に伝える役割を持っています。下部工は橋のある場所の地理的、地形的条件によって、川の中や谷間、あるいは橋の下を走る道路など様々な場所に位置することになります。下部工のうち地盤と接する基礎の部分は、地盤の固さや種類によっていろいろな形式を使い分けています。本章では、橋を支える技術について見てみましょう。

5-1

下部工の構成

橋脚は橋の長さの途中の位置で橋桁を支える支点となるものです。橋脚の材料は、鉄筋コンクリートが一般的ですが、都市部の高架道路や、複雑な交差箇所では、鋼製の橋脚も使われます。

■ 橋脚と橋台の構成

橋脚は、梁、柱、フーチングおよび、基礎で構成され、梁の上面に上部工からの反力を伝える支承が載ります。地盤の高さと道路や軌道の高さとの関係より橋脚の柱の高さが決まります。この柱の基部にあるフーチングは、強固な地盤であれば直接基礎、軟弱であれば杭やケーソンの基礎が採用されます。

橋台は、橋の長さ方向の両端にあって橋に接続するアプローチ区間と橋の境目に位置します。橋台は、上部工の反力を地盤につたえる役割を持ち、同時に橋の前後のアプローチ区間の土留め擁壁でもあります。

上部工の支承は、パラペット前面の橋座に載ります。橋台のパラペット、堅壁、ウィングは、土留擁壁の役割も持ち、橋脚の柱と同様に上部工からの反力を経由してこれらの下側のフーチングから地盤に上部工反力を伝達します。

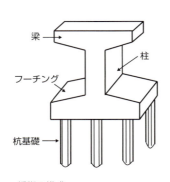

▲橋脚の構成

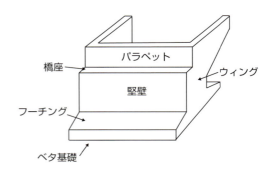

▲橋台の構成

5-2

いろいろな橋脚

橋脚は、橋のある場所の地形的、地理的条件によってその形は様々です。都市部の高架橋を支える橋脚は、多くの場合高架橋の下の道路の中央分離帯や道路の路側に設置されます。

■ 橋を支える橋脚

限られた空間で設置するため形状も複雑となる傾向があり、鉄筋コンクリートに加えて鋼製の橋脚も多く採用されます。他の道路や鉄道と交差する場合も、橋を支える橋脚は複雑な形となる場合が多くあります。

▲都市高架橋の橋脚

高架道路は既存道路上に建設される場合が多く、橋脚は橋の下を走る道路の中央分離帯や、道路の両側の部分に設置される。

▲フランスTGVの橋脚*（地中海線）

緩やかな傾斜の谷間を越える鋼製パイプトラスを鉄筋コンクリート橋脚が支える。

▲道路を跨ぐ橋脚

斜めに越える高速道路の橋を支えるために、道路を跨ぎ門型の鋼製橋脚が支える。

＊フランスTGVの橋脚　地中海線、フランス南部マルセイユ付近。

5-2 いろいろな橋脚

■ トレッスル橋脚

　山陰線の旧余部鉄橋の橋脚は、特徴のあるやぐら状の鋼製の橋脚で有名でした。このトレッスルと呼ばれる橋脚は、19世紀から20世紀初めにかけて北米で鉄道路線の延伸に伴って、渓谷を渡る場所に数多く建設されました。初期には木製のトレッスル橋脚も多くありました。国内では旧余部鉄橋とならんで余部鉄橋以外にも岩手と青森の県境にある青岩橋は同様のトレッスル橋脚で、プレートガーダー9連を高さ12.78mの8基の橋脚で支えています。

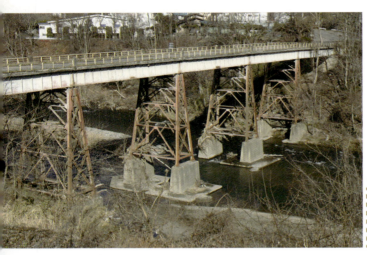

◀トレッスル橋脚

青森と岩手の県境に架かる馬淵川を渡る橋を支えるトレッスル橋脚（1935：昭和10年）。

◀トレッスル橋脚（旧余部鉄橋）

1912（明治45）年に建設されたもので、10mの国産桁橋を11基のアメリカ製のトレッスル橋脚で支えていた。このトレッスルも2011（平成23）年に新しい橋に架け替えられて撤去された。

5-2 いろいろな橋脚

■ 高さのある橋脚

大きな谷を越える橋の場合、塔のように高さのある橋脚が必要とされます。氷河地形の谷間のあるヨーロッパでは山間部を走る道路でよく目にします。オーストリアとイタリアの国境付近の谷間を渡る個所に架かる1960年に完成のヨーロッパ橋は、箱桁を支える橋脚のうち、最も高いものでは45階建てのビルに相当する谷底から146.5mもあります。

▲山間部の橋脚
千曲川の支川の板橋川に架かる全長412mのトラスを支える高橋脚。

▲スエズ運河橋（エジプト、2001年）
多くの船舶が航行するスエズ運河上に架かる斜張橋は桁下空間確保のために、高い橋脚が必要とされた。

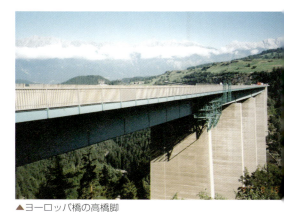

▲ヨーロッパ橋の高橋脚
　（オーストリア、1960年）
氷河地形の谷間を越える箱桁を支える橋脚は、最も高いもので145mもある。

5-2　いろいろな橋脚

■ 海中の建設する橋脚

　橋が海峡や湾を渡る場合は、その橋を支える橋脚は海中に建設することになります。明石海峡を跨いで本州と淡路島を結ぶ明石大橋は、60mもの大水深の海峡に主塔の基礎が設置されています。川崎と木更津を結ぶアクアラインは全長15kmありますがそのうち、木更津側の5kmの橋梁区間は多数の海中橋脚で支えられています。

　羽田国際空港の拡張によって新たに建設された滑走路は多摩川の河口に位置する人工島の上にあります。西側の約1kmのコンクリートスラブはジャケット基礎で支えられています。この他、街中の歩道橋や駅前のペデストリアンデッキは、桁下は通行者が多い場所に位置することと円形断面の鋼製の橋脚が多く採用されます。

▲曳航中の明石大橋主塔基礎

設置ケーソン工法と呼ばれる工法の基礎であらかじめ造船所で製作された直径80mの円筒状の巨大な鋼製ケーソンを現地まで浮かべて輸送している様子。このあと、架設現地ではケーソンに注水して海底に着底させて内部にコンクリートを打設して基礎をつくる。

▲施工中の明石大橋主塔と基礎

水深60mの明石海峡の海底に設置されたケーソン基礎の上で、主塔が架設されている。

5-2 いろいろな橋脚

▲コンクリートラーメン橋の基礎（山陰線、惣郷川橋梁、1932：昭和7年）

山陰本線が島根、山口の県境近くで海岸線を走る全長189mの惣郷川橋梁のラーメン橋脚。

▲海中の橋脚（1960：昭和35年、城ヶ島大橋）

神奈川県の三浦半島先端と城ヶ島を結ぶ全長575mの3径間連続鋼床版箱桁の城ヶ島大橋は海中の橋脚で支えられている。

▲駅前ペデストリアンデッキを支える橋脚（豊橋駅前）

ペデストリアンデッキは、鉄道駅前広場の上空に歩行者専用の通路と滞留スペースを確保して、駅から直接商業施設やホテルへのアクセスを容易にする一種の橋だが、多数の駅前広場の橋脚で支えられている。

▲ロンドンの歩道橋の基礎（2002年、ゴールデン・ジュビリー歩道橋）

鉄道橋の両側に新設された斜張橋の歩道橋は、1864年建設の鉄道橋の橋脚を利用した基礎で支えられている。

5-3 基礎の種類

橋脚や橋台のフーチングは、地盤の条件に応じて選定されたいろいろな基礎工を介して地盤と接しています。

■ 基礎の分類

地盤が固い場合は、基礎は浅くて済みますが、軟弱な場合は、支持層を呼ばれる固い地盤に届くまで杭などで掘り下げた深い基礎が必要となります。

浅い基礎には、橋脚や橋台の底の部分の面積を広げたフーチングを地盤に置くだけのフーチング基礎や、格子状にいかだを組んだいかだ基礎などがあります。いずれも地盤に直接フーチングが載ることで力を伝える仕組みで、直接基礎と呼ばれています。

これに対して丈夫な地盤が深い場所にある場合は、地中に柱を建てるように杭や井筒などによってフーチングから固い地盤まで力を伝達する方法がとられます。このうち杭基礎(くいきそ)は、最も一般的な工法で、わが国では橋脚基礎のうちおおよそ半数程度は杭基礎です。

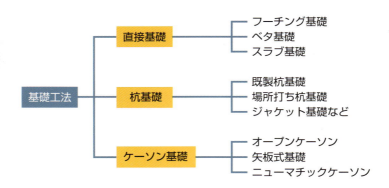

▲基礎の分類

5-3 基礎の種類

■ 直接基礎

下部工から荷重を伝えることのできる地盤層（支持層）がおおよそ5m未満の浅い場合に用いられる基礎工法です。フーチング下面が接する地盤の凹凸や傾斜などを栗石や改良土、貧配合のコンクリートなどで置き換えるだけで基礎が施工されます。この直接基礎は、いかだ基礎、ベタ基礎とも呼ばれます。

フーチングは基礎が河川中に位置する場合は洗掘に対し、また地上であれば他の埋設工事等の影響を避けるために、地表より数メートル埋設（根入れ）して据え付けられます。

■ 杭基礎

杭基礎は、桟橋などの基礎として古くから用いられてきた基礎工です。奈良時代の橋杭も平城京跡で出土しています。木杭の材料として松、杉、ヒノキ、モミなどが使われその中でも松が最も多く使用されました。木杭は地下水位以下では腐食することなく耐久性のある基礎として、コンクリート杭や鉄・鋼杭が明治以降に使われるようになってからも昭和40年前後まで長らく使用されました。コンクリート杭が本格的に使われたのは1915（大正4）年から8年まで施工された東京・万世橋間の鉄道高架橋の基礎で、8角形断面のコンクリート杭が約9300本使用されたとの記録があります。

鉄杭は先端にスクリューを付けたねじ込み式の杭が、1870（明治3）年大阪の高麗橋の基礎で最初に施工されて、1874（明治7）年に武庫川橋梁、1887（明治20）年に長良川鉄橋と引き継がれて、1894（明治27）年の横浜大桟橋の工事では大量に使用されました。

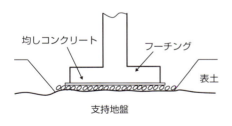

▲直接基礎

▲横浜大桟橋に使用されていたスクリュー杭
関東大震災で壊滅した横浜大桟橋で使われていたイギリス製のスクリュー杭。

鉄筋コンクリート（RC）杭のはじまり

わが国のRC杭のはじまりは、明治末から大正にかけてのことで、杭断面には、四角形や六角形が採用されました。本格的なRC杭の採用は、大正4年から8年まで施工された東京～万世橋間の鉄道高架橋の基礎工事でした。設計荷重は1本あたり30tfで、長さ5.5m～15mの8角形断面のRC杭が9281本使用されたとの記録があります。

ペデスタル杭工法と呼ばれる場所打ち杭工法も、既成杭とほぼ同じく大正初期から導入され、これ以後各種の場所打ち杭工法が使われるようになりました。昭和に入ると遠心力形成RC杭が実工事に採用されるようになりました。PC杭は1939年にデンマークで開発された杭工法ですが、国内では戦後になってから使われるようになりました。

▲秋葉原駅付近佐久間河岸高架橋基礎工事（1925：大正13年頃）
（出所：「街高架線東京上野間建設概要」1926：大正14年）

■ 杭孔の掘削法によるいろいろな工法

　鋼杭（こうくい）が本格的に使用されるようになったのは、1950年代半ば以降のことです。鋼管杭の施工法としては、スチームハンマーによる打ち込みがされていましたが、1970年代以降には、騒音や振動の影響から海上工事を除いて使われなくなりました。代って既成杭の施工には中堀や圧入工法が採用されるようになり、各種の場所打ち杭が一般的な工法となりました。場所打ち杭は、地盤に杭孔を掘り下げてその中に鉄筋カゴを挿入してコンクリートを場所打ちするものです。杭孔の掘削の方法によっていろいろな工法があります。

■ ケーソン基礎

　ケーソン基礎とは、大きな筒の中を掘りながらその筒を下げていく工法で、かつて井戸掘りに使われた工法と同じ要領で施工されます。ケーソンの沈下作業が水面下となった場合、水中掘削で行うものをオープンケーソン基礎、圧縮空気で水圧とバランスさせて掘削する工法をニューマチックケーソン基礎です。わが国初期のニューマチックケーソンで有名なものは、永代橋の鉄筋コンクリート製のケーソンで、1926（大正15）年頃、アメリカ人技術指導のもとに施工されました。ニューマチックケーソンは、19世紀の末頃に欧米で開発され、大正になってから国内でも施工されるようになりました。日本人が関係した最初のニューマチックケーソン基礎は1919（大正8）年に、当時の朝鮮総督府鉄道局が鴨緑江で施工したものといわれています。

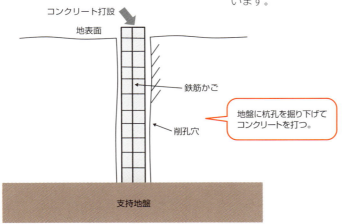

▲場所打ち杭

5-3 基礎の種類

▲オープンケーソン基礎

▲ニューマチックケーソン基礎

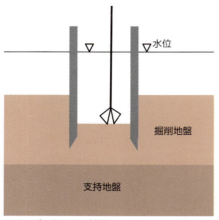

◀初期のニューマテックケーソン（イギリス フォース鉄道橋、1880年代中頃）
直径21m、高さ15〜18mの錬鉄製の円筒形のケーソン12基が施工された。作業室には2.5気圧の気圧がかけられた。

■ その他の基礎工法

吊橋や斜張橋のような長大橋梁の基礎としては、本州四国連絡橋で数多く施工された**設置ケーソン基礎**や**多柱基礎**があります。**地中連続壁基礎**はアクアラインのシールド発進の立坑として使われ、開通後は換気塔となった川崎人工島の施工に使われた工法です。

ベルタイプ基礎も杭基礎の一種ですが、アクアラインの橋梁部に使われた広報です。あらかじめ基礎杭を打設した地盤にフーチングと脚部を一体にした鋼製橋脚をすえ付け、コンクリートを打ち込んで基礎を構築する工法です。アクアラインの橋梁部の橋脚基礎に採用された工法です。

多柱基礎は大口径杭を支持地盤まで打ちこみ上部にフーチングを設置した基礎形式で、使用例としては、大鳴門橋、横浜ベイブリッジなどがあります。この他、**ハイブリッドケーソン基礎**、**ツインタワー基礎**、**ハニカム構造基礎**などの工法も開発されこれらの組み合わせた基礎なども採用されています。

ジャケット基礎は、さや管の中に杭を挿入する杭基礎の一種ですが、ジャケット式桟橋や、護岸、防波堤基礎で実績を積み、羽田空港の再拡張工事では新滑走路を支える基礎に採用されました。再拡張された羽田空港の4本目の滑走路は、多摩川の河口に位置するために延長3kmのうち西側の約1kmは、ジャケット基礎でコンクリートスラブを支える構造が選定されました。

▲アクアラインの海中橋脚

多数の鋼製または鉄筋コンクリート製のY型のベルタイプと呼ばれる海中橋脚が橋桁を支える。

▲羽田空港D滑走路ジャケット基礎（据付前）

工場で製作されたジャケットのブロック。現地に運搬されて海底に着底後に、さや管に鋼管杭を挿入して杭打ちされた。

▲羽田空港D滑走路ジャケット橋脚

ジャケット杭基礎の上にコンクリートスラブが施工され滑走路となる。

近代基礎工法小史

　わが国における近代以後の基礎工法は、開国ととも建設された鉄橋に始まります。明治初年から、大阪を中心に、高麗橋、武庫川ほか4橋の橋脚基礎で錬鉄パイプの先端にスクリューをつけたスクリューパイルの施工がされました。

　当時、国内の建設工事に指導的な立場で関わっていたお雇い外国人技術者は、施工技術が未熟な国内にあっては、現地施工をできるだけ少なくするために、ヨーロッパから輸入した鉄製の材料を使って、ヨーロッパでの実績のある工法をほぼそのまま導入して実工事に採用しました。

　1891（明治24）年の濃尾地震では、このスクリューパイル、およびパイルベント橋脚の東海道線長良川、木曽川鉄橋が甚大な被害を受けることになります。鋳鉄パイプを継ぎ足したパイルベント橋脚は、水平力にきわめて脆弱であることが明らかとなりました。

　これ以後、規模の大きな鉄道橋では、井筒基礎が一般化して行きますが、横浜大桟橋（1982〜1894：明治25〜27年）や大阪港埠頭（1902〜1903：明治35〜36年）などの港湾構造物では、依然としてスクリューパイルが大規模に採用されました。海中基礎工事では、陸上工事と異なり代替工法がなく、鉄杭の施工上のメリットが相対的に大きいことが依然として採用された理由の一つです。

　1872（明治5）年に開通した国内初の新橋、横浜間の鉄道橋では、すべてが木造橋でしたが、数年のうちに部材の腐食が発生し、順次鉄橋へと架け替えが行われました。この中で最長であった多摩川を渡る六郷川鉄橋の基礎には、英国製の鋳鉄製シリンダーによる井筒工法が採用されました。この工法は、1849年にイギリスでブルネルのチプストウ橋などで採用され、六郷川鉄橋の施工時ではすでに30年程度の実績のある工法でした。

　井筒工法は、施工技術や設備の充実に伴ない、鉄道工事の全国延伸で、大規模な橋脚基礎工法として広まって行きました。1883（明治16）年4月から開始された荒川橋梁の建設では、レンガ井筒工法が採用されました。壁厚60cmの直径3.6mの円形の井筒が15mほど沈下されて施工されています。

　道路橋でも、道1号が多摩川を渡る六郷川橋（1925：大正14年竣工）で、井筒工法が採用されました。

　明治初年以降、一部の規模の大きな近代的な橋梁を除けば、多数の小、中スパン橋梁の下部工では、近代以前から使用されてきた伝統的な木杭が使用されてきました。木杭工法も、明治後半以後、アメリカから長尺の米松が輸入されるようになり、規模の大きな基礎にも採用され、経済的な基礎工法として、件数においても最も多用される基礎工法でした。杭基礎工法は、大正に入ると、東京市街鉄道高架橋などでは、鉄筋コンクリート杭や、場所打ち杭が使われるようになります。

　一方、圧気をかけて潜函を沈下させるニューマチックケーソン工法は、欧米で19世紀末ころから採用が始まった工法です。ニューヨークのブルックリン吊橋（1873年竣工）は、木製の潜函による

ニューマチックケーソン工法が採用され、イギリスのフォース鉄道橋（1890年竣工）でも、ニューマチックケーソン工法が採用されました。

国内でも大正から昭和にかけて、震災復興橋梁以後の大規模な橋梁等の基礎工法として広く採用されるようになりました。

隅田川の永代橋（1926：大正15年竣工）や、清洲橋をはじめ、尾張大橋（1933：昭和8年竣工）や、伊勢大橋（1934：昭和9年竣工）でニューマチックケーソン工法が採用され、以後規模の大きな基礎工法として定着していきます。

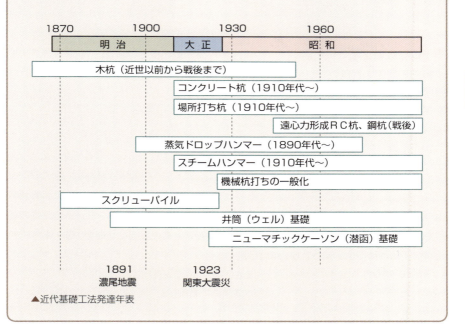

▲近代基礎工法発達年表

5-4 鉄筋コンクリート(RC)橋脚の耐震補強

平成年間の頻発する地震被害の経験を経て、鉄筋コンクリートを巻立てる方法や、鋼板を巻立てる方法、繊維シートを巻立てる方法などの既設橋脚の耐震補強が全国的に実施されてきました。

■RC巻立て工法

橋脚の周囲を鉄筋コンクリートの新たな層で巻立てることで、橋脚の耐力や変形性能を向上させる工法です。さらに、橋脚基部において、軸方向の鉄筋をフーチングに差し込んで定着させることで、曲げ耐力が補強されます。

RC巻立て工法は、既設橋脚の表面に沿って配筋、コンクリート打設ができることから、施工が比較的容易で橋脚耐震補強工事の工法として広く使われています。道路敷地内の橋脚の場合は、建築限界等の配慮や、巻厚が大きい場合は自重の増加に留意が必要となります。壁式の矩形断面の橋脚の場合、橋脚高方向の中間に壁厚を貫通する鋼材を挿入して横拘束を高めてじん性を確保することが必要となります。

施工的には、既設の橋脚と補強コンクリート層の付着を考慮した適切な表面処理や、巻立て部のコンクリートの乾燥収縮ひび割れに注意を払う必要があります。

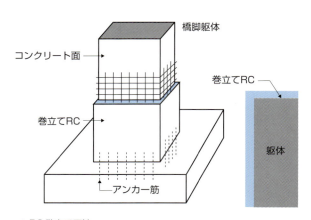

▲RC巻立て工法

5-4 鉄筋コンクリート（RC）橋脚の耐震補強

■ 鋼板巻立て工法

既設の橋脚の周囲を鋼板で巻立て、橋脚の耐力と変形性能を高める方法です。巻立てる鋼板と既設の鉄筋コンクリート橋脚表面の間には、無収縮モルタル等を充填して付着を確保します。橋脚基部において、鋼板下端をアンカー鉄筋と結合することでフーチングに定着させ、基部断面の曲げ耐力を向上させることができます。主鉄筋の段落し部のみを補強する場合は、その断面周辺部分のみに鋼板を巻立てることも可能です。

鋼板巻立て工法は、鉄筋コンクリート巻立てと異なり、建築限界等の制約を受けにくいことや、自重の増加が少ないことがあります。施工的には、壁式の矩形断面の橋脚の場合、中間貫通鋼材等を設け、横拘束を高めてじん性を確保する必要があります。通常の鋼構造同様に補強鋼板の防食が必要となります。

■ 繊維シート巻立て工法

既設の橋脚の周囲を繊維シートで巻立て、耐力や変形性能を高める方法です。この工法の特徴は、補強材料である繊維シートが軽量で、現場内での人力での運搬や、重機なしでの手作業が可能であるなど、施工性が優れている点にあります。これまでの実績では、主として主鉄筋段落し箇所など部分的な補強をする場合に多く用いられています。

ただし、鋼板や鉄筋が、降伏後も大きな変形性能を示すのに対し、繊維シートは伸び性能は大きくはないため、高い変形性能が必要とされる橋脚基部のような曲げ耐力補強には不向きとされています。

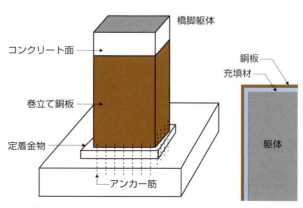

▲鋼板巻立て工法

5-4 鉄筋コンクリート（RC）橋脚の耐震補強

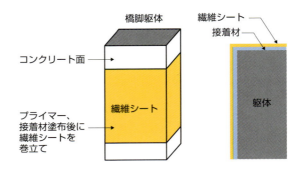

▲繊維シート巻立て工法

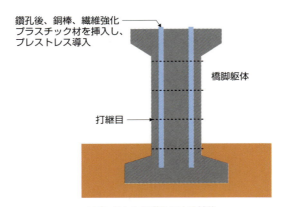

▲プレストレス導入による補強

■ その他の耐震補強工法

戦前に施工された橋脚などで、躯体内部の配筋が少なくあるいは無筋のコンクリートの場合の耐震補強法として、内部にプレストレスを加えることでじん性を強化する方法があります。躯体の軸方向に鑽孔した孔に鋼棒あるいは繊維強化プラスチックのロッドを挿入後、プレストレスを加えることで内部コンクリートの拘束効果を高め軸方向筋のはらみ出しや、打ち継ぎ目のズレを防止し、せん断耐力の向上が期待されます。

5-4　鉄筋コンクリート（RC）橋脚の耐震補強

東京市街高架鉄道の鍛冶橋架道橋

　近年の東京駅周辺は、急速に変貌を遂げています。丸の内側の丸ビル、新丸ビルなどの改築、中央郵便局の改築、八重洲側のノース、サウスタワーの建設、さらには、駅舎本体の改築、丸の内駅舎の復原などによって、近年、東京駅とその界隈の姿が大きく変わりました。

　この中で当初より変わらないものもあります。東京駅の南北端でJR山手線が道路を越える箇所に架かる架道橋です。

　東京駅を含む東京市街高架鉄道の計画は、明治20年代に始まります。「東京市中央に一大停車場を設置し、その以南新橋に至る間を官設とし、以北秋葉原を経て上野に至る区間を日本鉄道の私設とする」というものでした。

　工事は、明治30年代に入って地質調査から開始されました。その後、鉄道高架線の建設は、日露戦争などによる財政的な理由による中断などの紆余曲折を経て、まず、呉服橋仮停車場として開設された東京駅から有楽町、烏森駅（現新橋駅）方面との間で最初の電車の運転が開始されました。明治42年のことです。

　平面交差のない高架として建設された山手線は、道路と交差する部分は、すべてが架道橋を架ける必要がありました。桁橋は東京市改正設計の道路幅より長さが決められ、桁下から道路までは14尺（4.2m）の空間が確保されました。

　高架の高さは、できるだけ低く抑えるために、橋桁は薄いものが必要となり、道路中央に鉄柱を建て、その上に桁を渡す設計が採用されました。軌道はバックルプレートという鉄板を敷きわたし、その上に砂利を敷きつめて枕木、レールを布設するものでした。

　この構造は、鍛冶橋架道橋、東京駅北側の呉服橋架道橋のほか、有楽町駅付近の第一〜第三有楽橋、神田駅付近の神田駅前などで共通します。長さは、鍛冶橋や呉服橋で約36.5mです。

　石積みの橋台、道路に建てられた綾材付きの鉄柱、そして橋桁で構成されるこの架道橋のつくり出す空間は、懐かしい響きをもつ「ガード」のイメージの原型です。

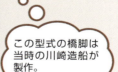

この型式の橋脚は当時の川崎造船が製作。

◀鍛冶橋架道橋*

＊**鍛冶橋架道橋**　京浜東北線、山手線等を通す架道橋。

MEMO

第 6 章

橋のメンテナンス

　いろいろな施設や道具などのモノは、特定の役割（要求性能）を果たすように作られて世に送り出されます。しかし、これらの形のあるモノは、時間の経過と共に劣化し、不具合も発生してやがて機能しなくなって役割を終えます。もし、何の手入れもしなければ、モノが傷んで、使えなくなる時期は、手入れをする場合よりも早くなることを私たちは経験から学んでいます。ほとんどのモノは、常日頃から手入れを怠らなければ、より長持ちするものです。これは橋にとっても同じことです。

6-1
橋の破損と落橋

橋の劣化にともなって不具合が発生し、機能低下にとどまらず最悪の場合は橋が落ちてしまうことがあります。

■ 橋のメンテナンス

定期的な点検と予防的な手入れが橋を少しでも長い期間にわたって橋の役割を確実により効率的に果たし続けるための方法です。橋のメンテナンスの狙いは、限られた維持費用をもってその機能を持続させて、輸送システムという動脈を担うインフラ資産を効率的に維持管理して次世代に引き継ぐことです。

■ コンクリートの割れる音

落橋に至る以前に、劣化の程度や機能低下を察知して対策を講ずることなしに、最終段階の落橋に至ることは、橋のメンテナンスの失敗です。1996年にパラオ共和国で3径間連続ＰＣ箱桁橋の中央径間が崩落する事故が発生しました。橋の維持工事によって、橋にプレストラスを導入しているＰＣケーブルの定着部に損傷を与えてしまったことが原因の一つとされています。どの程度の頻度でどのような点検、維持、補修が行われていたかについては、正確な記録がありませんが、事故後の現地における関係者の話によれば、落橋に至る少し前から橋梁各部からはコンクリートの割れる音が続いていたそうです。

▲径間連続ＰＣ箱桁橋の落橋①
　（パラオ、1996年）

補修工事中におけるＰＣケーブルへの損傷が原因となって中央スパンが崩落したもの。数日前より橋の各部でクラック発生に伴う音が発生していた。

▲径間連続ＰＣ箱桁橋の落橋②
　（パラオ、1996年）

事故は、通行中の自動車2台を巻き込んで落橋した。中間支点部の補剛材に沿って中央スパン側が崩壊した。

6-1 橋の破損と落橋

■ 日頃の点検、維持の重要性

　他の落橋事例としては、2007年にアメリカ、ミネソタ州の州都ミネアポリスで、ミシシッピー川を高速道路I-35が渡る箇所に架かる3径間トラス桁の例があります。この橋は1967年完成ですから供用後40年の橋でした。崩壊したときは夕方の交通ラッシュ時で、30台前後の通行車両が事故に巻き込まれました。中央径間139m、側径間81mの301mトラスと、両側のアプローチを含めて全長501m、幅員34.6mの橋で、1日あたり交通量は14万台でした。この橋は、毎年点検が行われ事故の前年には上部工は劣化の進行が認められる「欠陥あり」の点検を受けていました。

　その後の詳細な事故原因調査が行われ、格点＊の添接板の断面不足など設計上の問題も指摘されましたが、日ごろの点検、維持の重要性を世界中に示した落橋事故でした。

　2018年にイタリア北部のジェノバで発生した高速道路に架かる全長1182mのプレストレスト・コンクリート橋の落橋は30名以上の死者がでる大惨事となりました。この橋の落橋も構造的な脆弱性と共に、日頃の点検にもとづくケーブルの腐食やコンクリートの劣化などへの維持の重用性を示しています。

▲トラス橋の落橋事故①（ミネソタ州・ミネアポリスI-35高速道路、2007年）

完全に崩壊し原形をとどめていない。設計上の問題も原因の一つとされているが、インフラ構造にとって日ごろの点検、維持の重要性が重要であることを示した落橋事故だった。
（US Fire Administration テクニカルレポート166号、2007.8より）

▲トラス橋の落橋事故②（ミネソタ州・ミネアポリスI-35高速道路、2007年）

長さ301m 3径間連続トラスは全長にわたって崩壊した。
（US Fire Administration テクニカルレポート166号、2007.8より）

＊格点　骨組部材間の節点のこと。

6-1　橋の破損と落橋

COLUMN　浮き橋の落橋

　浮き橋の安全性に対する素朴な疑問は、浮いている橋が沈没することはないかということでしょう。アメリカのシアトルでは、現代版浮き橋のポンツーン・ブリッジが、工事中に沈没する落橋事故が発生しています。ワシントン湖に架かる全長2kmの4車線の高速道路は、完成半世紀後の1989年に、隣に新たな浮き橋が追加され、上下8車線に拡幅されました。

　このとき、工事の廃水は環境保全のために、一時的に浮力が維持される範囲で橋体内部に貯水することとされ、注水孔が開けられました。暴風雨が襲ったのは、ちょうどこの直後のことでした。ポンツーン内部への浸水によって、橋体は、800mの長さにわたって沈没する落橋事故となりました。

COLUMN　鉄道建設時代の落橋事故

　欧米で盛んに鉄道建設が進められた19世紀の中頃から後半にかけて、落橋事故が相次ぎます。アメリカでは急速な鉄道網の延伸に伴い1870年代に落橋や欠陥の発見が続きました。その中でも1876年12月29日にオハイオ州のアシュタブラ渓谷で発生したトラスの落橋は、22名死亡、43名負傷という鉄道史上初の最悪の事故となりました。

　しかしこの最悪事故の記録は、わずか3年後の1879年12月28日に、大西洋の反対側のイギリスで書き換えられることになります。これがスコットランドのテイ橋の落橋です。ほぼ橋の中央に差し掛かった列車が、北海からの強風によって煽られて、トラス桁、橋脚もろとも崩壊した事故で乗客、乗務員75名全員死亡という大惨事となる落橋事故でした。

▲落橋事故翌日のテイ橋

6-2

橋の劣化と損傷

橋が落橋に至るまでには数多くの予兆があるはずです。突然の崩壊、と見えたとしても点検を定期的に継続することで、橋本体から発せられる警告のメッセージを把握して橋の健全度を診断の情報を把握することが橋の維持補修の基本中の基本です。

■ 橋の劣化、損傷を把握、評価する

このためには、橋の各部位ごとに、劣化のパターンを蓄積して分析しておくことで、待ち伏せするように橋の劣化、損傷を正確に把握、評価することが大切となります。

目につきやすい橋面の舗装、高欄、排水装置、伸縮装置などの不具合から、橋の深部の不具合が疑われることがあります。例えば、舗装路面に不具合が発見されれば、それを支える鉄筋コンクリート床版の不具合が疑われることや、橋台と橋の間の箇所の伸縮装置の段差が認められれば、橋桁を支える支点の沈下のような支承回りになんらかの不具合が推測されます。

ある不具合が発見されれば、それを起こす原因となりうる不具合を推測して、次にその箇所を重点的に点検することになります。表面的な不具合からより重要な内在した不具合を疑うことは、点検をする人の熟練度も大いに関係することとなります。

以下に、橋の劣化、損傷の事例を示します。

▲アスファルト舗装の変状

通行車両の轍で掘られたものであるが、舗装下の床版になんらかの不具合の可能性もある。

▲鉄筋コンクリート床板端部の変状

コンクリート舗装の表面にクラックが発生しそのクラックの進行によって孔が発生して、水が溜まっている。桁の支点付近の不具合も疑われる。

6-2 橋の劣化と損傷

▲伸縮装置（鋼製フィンガータイプ）の損傷

桁側（左）が沈下を起こし橋台側と橋面の段差が発生している。このため輪荷重を橋台側の伸縮装置の歯が欠損したものと思われる。伸縮装置の不具合にとどまらず、段差が発生した原因として桁下の沓座モルタルの破損などの支承回りの不具合が疑われる。

▲RC床版の遊離石灰（下側から見たところ）

床板上面のクラックから水が浸入して下面から漏れる水に混ざって石灰分が析出した状況。放置すれば連鎖的にクラックが進行する。

▲RC床板の鉄筋の腐食とコンクリートのクラック

鉄筋が腐食を起こして体積が膨張し、鉄筋に沿ってコンクリートのクラックを発生させた。部分的な発生であっても周囲も同じ条件下にあるとすれば、時間差をもって拡大の可能性もある。

▲RC床板の鉄筋の腐食

鉄筋かぶりの不足が直接の原因と推測される。

▲桁橋の主桁、対傾構の上塗り塗料の劣化、剥離

上塗り塗料の劣化で、まだ鉄面の錆まで至っていない。

6-2　橋の劣化と損傷

▲箱桁下フランジの腐食

継手部のボルトおよびフランジ面の塗膜が劣化して、鉄面の腐食が始まっている。塗り替え塗装の下地処理では、塗膜だけでなく錆の除去が重要となる。

▲桁端部の腐食

桁端部の直上にある伸縮装置からの漏水により腐食が進行したものと推測される。支承も腐食している。伸縮装置の不具合もあると思われる。

◀通行車両の衝突による桁の損傷

桁下通行車両が箱桁に衝突して下フランジとウェブに損傷を与えた事例。直ちに通行止めの措置の上、これを原因とするその他の不具合の有無を点検の上、応急補強が行われた。

▲箱桁衝突箇所の補修状況

▲ローラー支承の腐食

長年の湿潤状態で腐食して固着状態となり、支承の機能が失われている。可動機能の停止状態は、耐震性はもとより、主桁への2次的な応力発生を招き放置すれば耐久性に影響を与える。

第6章　橋のメンテナンス

6-3
点検のための装置

維持補修による橋のメンテナンスの基本である点検情報の精度を高めることは大変重要です。橋の点検は、人が健康を維持するために、日ごろから体調に気を配り定期的に健康診断を受けることと同じです。

■ 点検の基本

日常的な点検の意味は、表面的な変状からより深部の欠陥などへの手がかり情報となることにあります。このため点検の基本は、まずは橋梁に近寄って直接目で見て（目視点検）、場合によっては、ハンマーの打音など手で触れることから始まります。このためには点検する人が対象物に近寄るための足場が必要となります。この目視点検をする足場を確保することが橋のメンテナンスのために大切です。

▲橋梁点検車（移動式、高架橋）

路面に駐車して点検足場を桁下に吊り下げて点検が行われる。近接点検のほか補修工事も実施できる。

▲維持管理用点検車（台車式、国内）

6-3 点検のための装置

■ 将来の維持管理を考える

　大規模な橋を除けば、一般的な方法は点検、保守のたびに、仮の足場を設ける方法です。足場を設置しやすくするために、橋桁に取り付け金具を設けるなどの設計段階から将来の維持管理を考える設計上の配慮も大切です。

　桁の下面側を点検するためには、ほとんどの場合、桁下から足場を立ち上げることは難しく、桁から吊り下げて足場を設置します。より簡便に橋面に駐車した点検車から足場を橋桁の下面側におろして、人や器具を近づける橋梁点検車も利用されます。

▲橋梁点検車（移動式、河川上）

第6章　橋のメンテナンス

▲橋梁点検車
（台車式、イギリス、フォース道路橋）

▲橋梁点検車
（台車式、オーストリア、ヨーロッパ橋）
箱桁の下側、側面をコの字形に囲んだ移動足場が径間の間を移動する。

189

6-3 点検のための装置

■ 点検の自動化

　初期投資がかさみますが、橋本体に常設点検用の固定の通路や、移動式の足場をあらかじめ設置することも規模の比較的大きな橋では採用されることが多くあります。

　さらには、橋本体にレールを備え付けて、自走式の移動点検車が設置されて点検の自動化などの作業も行われています。近接点検が容易ではない場合は、目視点検に代わって、遠隔操作で行う橋梁梁点検ロボットやCCDカメラを搭載したコンパクトな点検装置も今後こまめに点検するための有効な手段です。

▲桁下点検用カメラロボット（移動式カメラ）

桁下にレールが敷設されその上をカメラが移動する。

COLUMN 近接目視点検の重要性

　点検の自動化は、対象とする橋梁のストックの増加や効率化のために重要な課題です。均質で同レベルの調査結果を得ることは、管理対象を群としてみるマネジメントシステムでは、橋梁長寿命化のための重用なデータとなります。

　この一方、定期点検をもとに、重要度が高く、経年の高い橋梁などについて詳細点検を実施する場合、個々の橋梁の条件や構造の特性に応じたきめ細かな点検をすることが大切となります。この場合、定期点検の結果をもとに、経験者による点検箇所、項目を絞った近接目視点検は、基本的な点検となります。

6-4

維持、補修

　橋は、例外なく屋外に架けられ、太陽光線や風雨、気温変化などの自然環境の影響や、橋を通行する列車や自動車などの衝撃を伴う活荷重は、橋の各部に繰り返し応力を発生させます。

■ ひび割れ対策

　これによってコンクリートのひび割れや、凍結融解作用による凍害、化学的浸食、すり減り摩耗、塩害、鉄筋の腐食や二酸化炭素による中性化、疲労などの劣化現象が起こります。鋼橋であれば、特に溶接部の疲労や腐食が主要な劣化項目です。

　コンクリート橋の場合、最も多い補修、補強はひび割れに対するものです。ひび割れ損傷部に樹脂やパテの注入をする方法や、鋼板接着や炭素繊維で補強をする方法も多く用いられています。

　コンクリート部材の補強として、損傷部に鋼板などを接着する方法以外に、プレストレスを導入することも行われます。

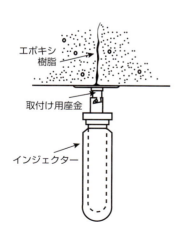

▲樹脂注入によるコンクリートクラック補修

▲鋼板接着工法によるＲＣ床板の補強

6-4 維持、補修

■ 鋼橋の防食

　鋼橋の防食方法は、錆びやすい性質をもつ鋼材の表面を被覆によって外部と遮断する塗装が最も一般的で、各種の塗装の他に、耐食性のある金属の亜鉛や、アルミニウムなどを溶射したり、めっきをする方法があります。

　さらには、羽田空港D滑走路のジャケット橋脚や、アクアラインの海中橋脚で採用された耐食性の高いステンレスやチタンなどで鋼材を被覆する方法もあります。

　鋼橋の塗装の塗り替えでは、下地処理がポイントです。このため電動工具などによる下地処理からサンドブラストと呼ばれる砂を吹きつけ付けて下地処理をする方法で古い塗膜を完全に除去することができる場合は、塗り替え後の塗装の寿命に大きく影響を与えることになります。

▲ブラストによる下地処理（イギリス、フォース鉄道橋、中間支点塔部）

塗装塗り替えに先立ってサンドブラストにより下地処理を行うため、ブラスト材の飛散防止のために部材をシートで完全に覆う養生がされている。環境条件が許されればブラストによって古い塗膜、錆層を取り除くことが望まれる。

▲補修塗装用ロボット

下地処理の回転ブラシ、塗装ロールを多関節アームの先端に備え全体を台車で移動させる箱桁用の補修塗装用のロボット。

■ 鋼橋の疲労損傷

道路橋の疲労については、損傷事例が報告され始めたのは1980年代でしたが、その後は厳しい重交通を担ってきた都市高架橋梁を中心に、損傷事例の報告が増えています。

鋼橋の疲労損傷の発生箇所としては、横桁の取り付け部、対傾構、主桁端部の切り欠き部、支承のソールプレートなどに加えて、鋼製橋脚の隅角部や、鋼床版で疲労損傷が報告されています。これらの疲労損傷はき裂（クラック）の発生で、このほとんどが溶接部での発生です。疲労き裂の対応方法としては、き裂の先端にストップホールを設けて進展を防ぐと共に、応力レベルを下げるための部材補強をすることが一般的です。疲労き裂は溶接部などの応力集中部から発生することが多いことから、溶接継手の品質に対して構造上、施工上の配慮を払うことが重要です。

既設橋梁の溶接部に発生したき裂は、時間の経過と共に進展するため、出来るだけ早期に発見し、微細なうちに適切な補修・補強を行うことが大切です。ストップホールや、疲労き裂を取り除くことに加えて、溶接止端部のグラインダー処理などによる応力集中の緩和や、溶接部に内在するきずの除去や、溶接部近傍への圧縮力を導入することも有効な方法です。

応急的な対策として一般的な方法は、継手部にボルト添接などで当て板をすることによって、発生応力を低下させて溶接継手部の疲労強度を向上させる方法がとられています。

▶ 都市高架橋の鋼製橋脚の補強

鋼製T形橋脚の基部にはコンクリートが巻かれ、隅角部には鋼板をボルトによって当て補強されている。橋脚梁天端幅の桁かかり長を確保するために支点の前面に金物が追加されている。

6-4　維持、補修

 既設道路橋の数

　日本国内の道路橋の数は、長さ2m以上でおよそ70万橋になります。道路統計年報2018によれば15m以上に限ると、およそ17万橋です。道路の種類別では、高速道路の橋が約9,400橋（全体の5.6%）、一般国道が29,000橋（16.9%）、都道府県道では36,000橋（21.0%）となりますが、最多は、市町村道の橋の97,000橋（56.6%）です。材料別では、鋼橋が37%で、RC/PC橋60%です。

　インフラの整備は、どの国でもある時期に集中していますが、国内では、高度経済成長期が突出しています。昭和35年以前に建設された橋の数は、13,000橋ですが、1970（昭和45）年以前の橋となると、41,000橋に跳ね上がります。この時期に建設された橋梁群が、いわゆる橋の団塊の世代で、2010（平成22）年頃から橋齢50歳に達し、既設橋ストックの高齢化社会への突入を早めています。

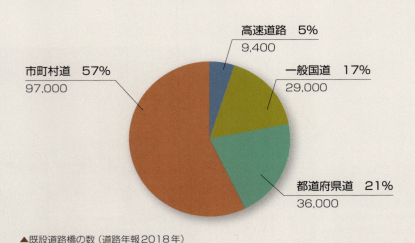

▲既設道路橋の数（道路年報2018年）

■ 耐震補強

防食や疲労対策などの劣化への対応に加えて、地震や自然災害に対しても橋を守っていかなければなりません。兵庫県南部地震以後、新しい耐震設計手法や、免震、制震に関する様々な技術が開発され、既設橋に対しても耐震補強工事が行われてきました。

高架橋の場合、桁の落下はその橋梁自体の機能の停止以上に、桁下交通を遮断することになり、災害復旧、救助活動に大きな影響を与えることになります。このため兵庫県南部地震以後、耐震補強工事は、桁の落下を防ぐための各種の補強工事が実施されてきました。

桁や橋梁脚が震災によってずれても落下しないように橋梁梁上部工と下部工の桁かかり長を確保することや、支承部の移動を制限する装置を取り付けたり、地震時のエネルギーを吸収する落橋梁防止ストッパー、桁相互を連結する工事が実施されてきました。

▲ケーブルによる桁連結の落橋防止装置の取り付け

▲ケーブルによる橋台の落橋防止装置
橋台のアバットと箱桁下フランジをケーブルで連結し、さらに桁かかり長を確保するために金物を取り付けている。

▲桁かかり長の改善
桁かかり長さを増加させるために橋脚天端の外側に金物を取り付けている。

6-4　維持、補修

■ 維持・管理のマネジメント

　橋のメンテナンスには、個々の橋に着目して点検、補修・補強を施すことと、それらの補修、補強をより効果的に行うことを狙ったマネジメントの2つの部分があります。

　橋を守るための基本的な手順は、個々の橋ごとにみれば、橋の劣化、損傷の具合を点検して、その結果を診断し、適切な補修・補強方法の計画、設計を行い、これに基づいて工事を実施し、さらに点検を継続するという一連のサイクルです。

　これに対して、維持管理を行う橋全体を対象として考える場合、橋の数も膨大であり、傷み具合や補修・補強の程度も様々であり、橋の通る路線ごとに維持管理のニーズの程度も多種多様となります。

　限られた維持・補修費用を効果的に投入するためには、維持管理に優先順位を付けるなどの全体最適解の考え方の視点が求められます。管理対象の橋梁群全体を総合的、システム的に捉えてマネジメントすることが求められます。アセットマネジメントとか、ブリッジマネジメントと呼ばれる維持・管理システムがこれです。

　供用中の橋に対する様々な情報を収集し、それに基づいて橋梁群全体の状況の評価と将来的な劣化の予測を行います。これに資金的制約、技術的な判断を加えた分析を行なって将来の状況を予測し、とるべき選択肢と費用、最適な対応策を得ることがマネジメントシステムの狙いです。この橋のマネジメントは、国内では橋梁長寿命化修繕計画として対症療法から予防保全的な橋梁マネジメントシステムへの移行として進められています。

　国内の橋のストックを見ますと、1970年代から90年代の時期に建設された橋が多くを占めます。この橋の団塊の世代は、2020年代には一斉に建設後50年を超えることになり、その後も橋の高齢化が進むことになります。このためには補修、補強、更新の時期を平準化することが橋のマネジメント上求められることになります。

■ 維持・管理の基本方針

　維持管理のマネジメントの前提となるのが、管理対象の橋を把握することです。つまり定期的な点検に基づく橋梁台帳の整備です。建設年が不詳なものは前後の路線、周囲の道路整備などから推定をします。これに先立って維持管理の基本方針をはっきりさせておくことが求められます。例えば、管理対象の橋梁には重要幹線の橋もあれば、通行量のごく少ない橋もあります。これらから維持管理の優先順位付けがされることになります。それぞれの橋の特性に応じ、鋼橋の塗膜劣化、腐食や疲労、コンクリート橋の中性化、塩害、凍害などの劣化の程度、健全度の程度から劣化の予測を行うことになります。

■ 修繕時期の山を平準化する

次いで、事業費の算出をするために、各健全度レベルにおいて補修をする場合の補修費単価を計算します。これは、いくつかのシナリオを想定して事業費を算出するために用いられます。より劣化が進んだ段階つまり健全度の低い段階で初めて補修をすれば、より軽度な劣化での補修より高価となります。

以上から想定した各シナリオでの総事業費が算出されます。この結果は橋のストックが団塊の世代であれば、維持補修の総事業費も特定の年度に集中することになります。この集中した補修時期の山を、補修時期をずらすことで平準化をすることが次に行われます。

重要なことは、マネジメントの各要素はつねに橋の定常的な点検結果等によって見直しがされることです。このためにも重要な情報が管理対象である橋そのものの点検結果です。

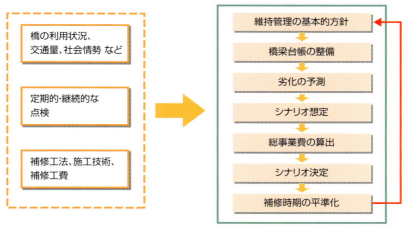

▲ 橋梁マネジメントの手順

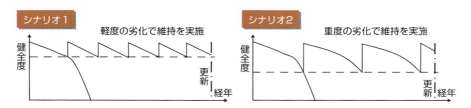

▲ 維持補修の時期と劣化のイメージ

マネジメントシステム小史

　アセットマネジメントやブリッジマネジメントは、対象とする公共構造物のストックの増加という維持・管理のニーズを受け、20世紀の最後の四半世紀に入ってから、世界的に注目されて開発が始められたものです。

　しかし、ベースとなる考え方そのものは、それほど新しいものではありません。公共投資における費用対効果による評価と、もう一つは、大量生産時代を背景として生まれた工業生産における科学的管理手法が、マネジメントシステムの先行技術として、その下敷きとなっています。

　公共投資における費用対効果の考え方は、19世紀初頭から中頃にかけてヨーロッパにおいて大量輸送手段が、運河から道路、鉄道へとシフトする時期にすでに始まっています。

　当時イギリスを始めとするヨーロッパ諸国では、産業の発展と共に民間投資によって、道路、鉄道の建設が急速に進められ、その投資効果を見極めることが非常に重要でした。

　この中から費用対効果を評価の拠り所とする考え方が生まれました。これは、さらに時代をさかのぼり、植民地経営における投下資本と期待効果の考え方にもその源があるともいわれています。

　費用対効果の考え方が、手法として整備されて費用便益分析として使われ始めたのは、戦後、道路計画の分野では70年代初め頃からです。今日の欧米主要国では、この評価分析が制度として道路計画のプロセスに組み込まれています。

ドイツでは、1992年に閣議決定されました。最初の全ドイツを包括する連邦交通路計画（BVWP'92）で、計画の妥当性、およびプロジェクトの優先順位の決定のために費用便益分析による評価をすることが規定され、アメリカでは、1993年に連邦道路局（FHWA）によって、道路投資に関してライフサイクルを通した便益計算の実施が義務付けられました。国内では、道路計画における費用便益分析は、主にODAによる道路計画などで適用されたのが始まりです。

　一方、工業生産における科学的管理技法は、20世紀の初めにF.W.テイラーによる動作研究や時間研究などによって始められたことは、よく知られています。この管理技法は、第二次世界大戦のアメリカの軍需産業で発展し、戦後QC（品質管理）、OR（オペレーションズ・リサーチ）あるいは、IE（インダストリアル・エンジニアリング）などの各種の生産管理技法として、わが国に導入され、産業の各分野に浸透していきました。

　建設分野での工程管理として定着したPERTやCPMなどは、もともとは工場生産の管理分野への適用のために開発されたものです。

　このような経緯をたどったアセットマネジメントや、ブリッジマネジメントは、公共投資における費用対効果による評価の考え方と、工業生産技術の発達の中で生まれた生産管理技術・手法の考え方をベースとした、建設に関するマネジメント技術といえます。

第7章

歴史的橋梁の保全

　老朽化が進んでいる全国の膨大な橋梁ストックに対し耐久性を向上させ、長寿命化を図ることは大きな課題となっています。これらのストックには、技術発展のエポックの橋や、長年の供用によって地域のシンボルとして親しまれてきた歴史的橋梁も数多く含まれます。歴史的橋梁の保全では、対象橋梁の劣化の状況に応じて、構造物としての所定の機能を維持しつつ、歴史的価値を継承する対応を講じることが求められます。本章では、橋の構造機能を維持しつつ、文化的・歴史的価値を継承させた歴史的橋梁の保全について、具体事例を通して見てみます。

7-1

保全の種類

歴史的橋梁の保全は、一般的には、オリジナルの材料を極力残し、可逆性のある補修、補強方法を講じることが望ましいとされています。しかし、その方法については、個々の橋の劣化状況、活用の条件、および構造的特殊性、その他の諸々の条件を考慮した保全方法を講じることになります。

■ 保全の分類

保全の種類は、構造本体への手を加える程度に応じて、現状機能を維持させる「継続的維持」、小規模な補習を伴う「保守」、外観変更のある大規模改修の再生、機能や外観を再現する「復元」、現象維持の「保存」に分類することができます。

■ 継続的維持

最も軽微な保全方法では、腐食、損耗、機能低下など構造物の劣化を防ぎ、劣化の過程を管理するための「継続的維持」があります。歴史的価値の拠り所となっている部位については、部分的に錆を除去、塗装をすることや、清掃、潤滑油をさすなどがあります。

	保存の名称	供用の有無	移設	内容
1	継続的維持	有	不可	《現状機能を維持》 部分的、軽微な補修、清掃、塗装の塗り替えなど
2	保守	有	不可	《小規模な補修》 床版補強、床組補強、部分的な主構の補強、耐震補強、高欄の改修など
3	再生	有	いずれも可	《外観の変更を伴う大規模改修》 外観の変更をともなう大規模改修保守の補修内容を含み、鉄道橋の歩道橋転用等の用途変更、支間短縮、延長、幅員変更、歩道添加、新部材の追加など
4	復原	いずれも可	いずれも可	《オリジナルの機能や外観を再現》 オリジナルの機能や外観を再現。架け替えにともない旧橋を移設して再利用、あるいは公園などに展示
5	保存	いずれも可	いずれも可	《現状の状態を維持》 架け替えにともない旧橋を供用せずに残置

▲保全の種類

■ 保守

「継続的維持」が現状維持の範囲にとどまるのに対し、構造物としての機能を継続あるいは、向上するために一段踏み込んだ補修、補強の対策を講じるのが「保守」です。

橋の劣化した構成部位を補修する場合や、耐荷力、耐震性能を向上させるために、部分的に限定して改変を許容する保全方法です。

ただし、当該橋梁のシルエットやイメージが大きく変わるものはなるべく避け、新たに追加する部材などが、歴史的価値に沿ったものであり、それらを引き立てるものであることが望まれます。

■ 再生

「再生」とは、要求される機能や用途の変更に応じて、改変の範囲をより広くとることを許容する保全方法です。歩道の添架や、鉄道橋から道路橋への転用、旧部材を再利用して新たな橋の建設などが該当します。鉄道橋を道路橋へ転用する場合、構造本体は旧橋を利用しますが、旧橋にはない高欄や床版は新設されることになります。またスパンの短縮による改造を行う場合は、橋の規模が異なることから全体的なイメージは異なることになります。ただし、当該橋梁の歴史的、文化的価値が評価されている部位、ディテールなどは何らかの方法で継続される必要があります。

■ 復元

当該橋梁の歴史的・文化的価値がオリジナリティーに大きく依存する場合、「復元」による保全方法がとられます。対象とする橋の歴史的価値が、建設当初の材料、構造および意匠などに認められる場合、供用後に後改変された部位などを撤去して、オリジナルの状態に戻す方法です。当初の材料を用いて当初の設計に忠実に復する場合、特に「復原」と呼んで区別されることもあります。

■ 保全

「保存」とは、例えば、現存する最古のプレートガーダーなどにおいて、その稀少価値や、歴史的価値の保全を最優先して展示的に残す方法です。構造物としての機能や供用可能性は必ずしも問題とせずに、現状をそのままの状態で保存する考え方です。構造性能は問われないので、腐食や損傷箇所はそれ以上の進展を防ぐなどの措置によって、改変をできるだけ抑える必要があります。

7-1 保全の種類

COLUMN リベット継手

戦前や、戦後昭和40年代以前に建設された歴史的橋梁は、継手にリベットが使用されています。鋼材表面に並んだ丸頭のリベット継手は、高力ボルトの六角形の頭の形状に対して、その外観から歴史的橋梁の特徴を作り出す要素となっています。

鋼板相互を連結する工法であるリベットの技術は、今日では溶接、あるいは高力ボルトによることがほとんどで、蒸気機関車のボイラーなどの修復で使われていますが、橋などの構造物では、完全に過去の工法となっています。

リベット工法は、19世紀中頃以降からほぼ1世紀にわたり、橋をはじめ鉄骨、船舶、ボイラー、蒸気機関車など錬鉄、鋼の建造物や設備に広く使われてきました。国内では、昭和40年代前半から使われ始めた高力ボルトは、急速に普及し、昭和50年前後頃には、ほとんどの橋や鉄骨でリベットは過去の技術となりました。

リベット継手は、リベット用丸鋼を所定の長さに切断し、一方に頭を加工したものを、加熱して施工されます。現場において継手近傍に据え付けられた可搬式の炉でリベット材料の色が桃色から橙黄色になる900度から1000度まで加熱し、接合部の孔に差し込んで、リベットハンマー（鋲締機）で打撃して新たな頭を加工することで部材を一体化します。

橋や鉄骨、船舶などの場合、リベットの多くは、15mmから22mm径のものが使われましたが、特殊な場合では30mm径以上の大径のリベットが使用されることもありました。

戦艦大和と同型の戦艦武蔵では弾火薬庫床甲板や舷側甲板などには36mmから40mm径のリベットが多く使用されたそうです。

▲アーチ格点のリベット継手

▲リベットハンマー（φ20）

7-2 保全の具体事例

保全の方法の選択は、歴史的価値の評価に従って、構造機能に関する点検結果をもとに、保全後の利活用を考慮して行われます。ここでは、近年実施された歴史的橋梁の保全の事例を見ていきます。

■ 霞橋
（再生された明治のトラス：横浜市）

横浜の霞橋は、1896（明治29）年に架設された鉄道橋をその後道路橋に転用していたものを、さらに道路橋とし架設したものです。

オリジナルの長さ60mのプラットトラス2連は、1896（明治29）年に私設鉄道の日本鉄道によって建設された土浦線（現常磐線）の隅田川橋梁です。複線化された常磐線が隅田川を横断する鉄道橋として1896年から1928（昭和3）年までの35年間使用されました。このあと、機関車の荷重増加にともなって撤去され1929（昭和4）年に旧国鉄新鶴見操車場を横断する江ヶ崎跨線橋として移設され2009（平成21）年まで供用されました。

江ヶ崎跨線橋は、鉄道橋時代を含め113年間の供用を経て、老朽化の進展が著しいことから、架け替えに伴い撤去がされることになり、これを機に旧部材を活用して、新たに横浜山下運河に長さ30mのトラス橋として再生されたのが霞橋です。

▲旧江ヶ崎跨線橋（2009：平成21年）

隅田川橋梁として35年間使用された後、昭和5年から平成20年まで道路橋として約80年間供用された。

▲解体・撤去工事中の旧江ヶ崎跨線橋（2009：平成21年）

7-2 保全の具体事例

　旧江ヶ崎跨線橋200ftトラスの歴史的価値は、初期の鋼トラスとして、わが国の橋梁技術の発展過程の中で日本の技術力が欧米依存を脱して、自立の手がかりをつけた節目を示す点にあります。特に江ヶ崎跨線橋のトラスの構造上の特徴は、国内の橋梁技術の歴史の一つの変化点を示すものとして歴史的価値の重要な拠り所となっています。

　再生においては、これらの歴史的価値を継承するように設定されました。保存の形態としては、現役の道路橋として再利用する動態保存とされました。さらに、江ヶ崎跨線橋の歴史的価値の高い箇所として、格点部や対傾構などを残すこととしました。

　ただし、老朽化が激しいことや、動態保存による現地条件から、状態の良好箇所を集成して1/2のスパンで再生することとしました。そこで、現役橋としての構造機能維持のために、新たな部材を限定的に使用することとしましたが、オリジナル部材を最大限に利用するように、設計上の工夫がされています。

　材料試験を実施した結果、江ヶ崎跨線橋は初期の鋼材を使用した橋であり加工での溶接を避け、ボルト継手を使用することとしました。

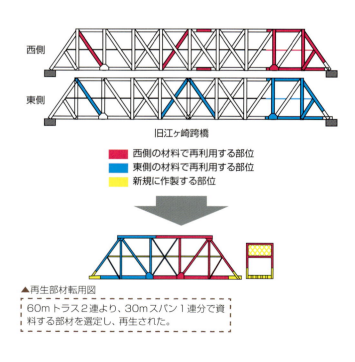

▲再生部材転用図

60mトラス2連より、30mスパン1連分で資料する部材を選定し、再生された。

支承については、再利用可能な状況であることから、オリジナルを再利用することとしました。床版については、鋼床版として新規に製作したものを利用することとしました。

以上の再生の方針のもと、200ft（60m）2連より、30mを1連分の再生部材を選定し、再生のための設計が行われました。

> 構造的に重要な箇所であり、新規鋼材が利用された。

▼再生工事中の下弦材格点部（2012年）

> 補修された部材、新規部材で工場建屋内で仮組立を実施した。

▼再生工事の仮組立状況（2012年）

7-2 保全の具体事例

▲開通式（2013年）

▲供用後の状況（2019年）

一方通行の自動車車線と片側に歩行者通路がある。

COLUMN 解体修理

　神社仏閣などの歴史的木造建築物の維持保全では、屋根葺替や塗装など損耗部分のみの取り替えから、大規模な修理では、損壊、劣化をした部分を対象に解体の上、修理をする方法、さらには、建造物全体を解体して修理をする方法などがとられます。木造の柱、梁などを単体の部材まで解体し、腐食や劣化部分を新たな材料に取り替えた上で、再度組み立てる方法です。損傷部分のみを限定的に部分解体する場合と、小屋組、軒まわり、軸部、造作部材、さらには基壇、礎石まで建築物全体を解体する場合があります。

　この解体修理の方法は、木造建築物と同様に、単体部材を組み合わせて全体構造が構成される鉄製トラス橋や、石造アーチ橋の修理方法としても採用されています。

　解体修理は、あたかも機械部品のオーバーホールのように、全体を分解して整備の上、再組み立てをする方法に似ていますが、構造機能は解体前の状態にもどっても、建造物が時間の経過を経て累積してきた継手の変形やなじみ、力学性状などの再現はほぼ不可能とされています。このため石造構造が主体の欧米では、あまり一般的な修理方法ではありません。

　国内では、錦帯橋、猿橋など、一定の期間ごとに、木造橋全体を解体して新たな材料によって再構築をする伝統的な修理方法もあります。

▲解体修理中の石造アーチ
（常盤橋、東京、2018年9月）

▲平成の大改修時の錦帯橋
（山口、2003年3月）

■旧揖斐川橋梁…原位置保全の錬鉄トラス（大垣市）

　旧揖斐川橋梁は1886（明治19）年に竣工した5径間のイギリスから輸入された200フィート（60m）の錬鉄製ワーレントラス橋で、下部工は煉瓦構造の橋台が2基と橋脚4基よりなっています。翌1886（明治20）年1月に開通した東海道線の大垣・岐阜区間で、揖斐川を渡る場所にあります。東海道線の開通時の橋で、元位置に残る唯一のトラス橋です。

　1908（明治41）年に複線化工事が行われ、新しい複線トラスがすぐ下流側に並んで架設されたことにより、もとの単線仕様の旧揖斐川橋梁は、東海道線の橋としての役割は終わりましたが、撤去されずにそのまま現位置にとどまり、現在歩道橋（バイク含む）として利用されています。

▲保全工事前の旧揖斐川橋梁①（2012年）

▲保全工事前の旧揖斐川橋梁②（2012年）

7-2 保全の具体事例

　旧揖斐川橋梁の歴史的価値は、近代最初期に国内で完成した当時導入されたイギリスの橋梁技術の特色をよく示す幹線鉄道の大規模鉄道橋梁であり、いまも原位置に現役の橋として供用を継続していることにあります。

　錬鉄製ダブルワーレントラス旧揖斐川橋梁は、これ以前には100フィートであった鉄道トラスのスパンを木曽川、長良川向けとともに200フィートに倍増して、お雇い外国人のポーナルが設計を行ったものです。

　5連の200フィートトラスは、イギリスのバーミンガム近郊にあったパテント・シャフト社で1983年から84年にかけて製作されて輸入されたものです。

▲保全工事前の旧揖斐川橋梁③（2012年）

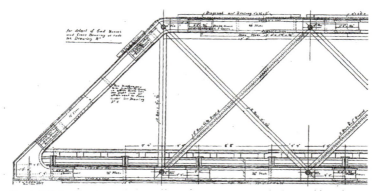
▲ポーナル設計の英国式200ftトラス設計図（部分）
　（久保田敬一、本邦鉄道橋梁ノ沿革二就テ1936年より）

7-2 保全の具体事例

▲イギリスの製造会社の銘板

```
PATENTSHAFT & AXLETREE Co.Ld
1885 WEDNESBURY
```

▲コンクリートで頭部が巻かれた煉瓦橋脚

▲ブラスト工事用の覆いをしたトラス外観
（2015年）

▲鳶色に復原された第1連目（2016年）

▲ブラスト工事用の覆内部の主構トラス
（2015年）

旧揖斐川橋梁は、開通4年後に発生した濃尾地震によって、下部工の一部に損傷を受けました。震災後にレンガ製の円形ウェルの橋台とレンガ製の橋脚は補修され、さらにその後、橋脚天端付近にコンクリート巻の補強が加えられました。橋脚の特徴であるレンガ構造を覆うコンクリート巻は、他の耐震補強工法を講じることで、将来的には、オリジナルの外観に復すことが望まれます。

上部工の主要な劣化は、錬鉄部材の腐食によるもので、特に下弦材の格点部の一部に、著しい腐食の進展が見られるほか、部材の変形もありました。斜材の一部は、錬鉄特有の板厚方向の剥離と腐食が複数個所で見られました。

保全工事では、腐食の著しい箇所は、研磨剤を高速で吹き付けるブラストで古い塗膜を完全に除去して防錆処理、再塗装をすることとし、腐食の程度の少ない箇所は、健全な塗膜は残して、劣化塗膜や浮き錆を動力工具で除去する方法を使い分けることとしています。上塗りの色は調査によって判明した当時多くの橋梁で採用されていた鳶色への復原をすることとしています。旧揖斐川橋梁の防食対策は、歴史的鋼橋の一つの方向性を示しています

■ 清洲橋、永代橋…耐震補強された震災復興橋（東京都）

東京下町の隅田川に架かる多くの橋は、関東大震災で被災した橋を、帝都復興事業によって当時の最先端の技術を駆使して架け直した橋です。竣工から90年以上の時を経て、順次長寿命化の補修工事が行われてきました。帝都のツインゲイトとして親しまれる重要文化財の永代橋と清洲橋も大規模な耐震補強工事が実施されました。

永代橋は中央スパンのアーチと連続して桁高が漸減するカンチレバーが両側に張出し、側スパンの途中で吊桁を受ける鋼3径間カンチレバー式ソリッドリブタイドアーチ橋で、橋長184.7m、幅員25.6m、中央支間長は100.6mです。

下部工は、永代橋、清洲橋ともに鉄筋コンクリートの橋台で、それぞれ2基ある橋脚は同じ断面で基礎はニューマチックケーソン工法で施工されました。

2014年に開始された補修・補強工事以前の状況は、腐食の進展している場所も見られましたが、全体的には良好な保全状況にありました。しかし、耐震性については補強が必要であると判断されて、大規模な耐震補強工事が実施されました。

7-2 保全の具体事例

これは、1995年の阪神淡路大震災後に行われた耐震設計規準の見直しによって、構造物の応答が弾性限界を超えない耐震性能を備えるレベル1と、非常に強い地震動を想定し、これに対して致命的な崩壊に至らない耐震性能を備えるレベル2が設定され、これらの両方が満足すべき条件とされたことによります。

新たな基準で耐震性能を照査した結果、永代橋、清洲橋は共に、レベル1に対しては、問題はないとされましたが、非常に強い地震動を想定したレベル2については、多くの箇所で応力超過が発生することがわかりました。これに対して大規模な耐震補強が行われました。

▲補強工事前の永代橋(2014年)

永代橋は、1924年12月起工、1926(大正15)年12月竣工した橋長184.7m、幅員25.6mのタイドアーチ。

▲側径間から見た永代橋(2014年)

永代橋の側径間のカンチレバー(片持ち梁)は、中央径間のアーチリブと連続しており中央径間アーチの尻尾のように見える。

設計地震動	想定する地震動
レベル1	橋の供用期間中に発生する確率が比較的高い中程度の強度の地震動を想定。
レベル2	橋の供用期間中に発生の確率は低いが大きな強度をもつ地震動で、プレート境界型の大規模な地震動や、兵庫県南部地震のような内陸直下型地震を想定。

▲設計地震動のレベル

COLUMN 鋳鉄アーチ橋の補強

2018年に創建200周年を迎えたイギリス中西部のセバーン川に架かる全長31mの鋳鉄アーチ橋のコールポート橋は、アイアンブリッジと並んで世界でも最も初期の鉄橋です。この橋の歴史的価値は、建設後200年が経過しますが、現在でも自動車の通行する世界最古級の現役の道路橋である点にあります。

一般には、構造機能の継続の保全と、文化財価値の継承はトレードオフの関係となることも多いことから、文化財価値と引き換えに実用価値を終了させる選択肢もとられがちです。しかし、コールポート橋は、ギリギリまで両立を図る工夫がされ、橋の本来の機能を継続し、かつ歴史的価値を継承する好事例となっています。

この橋は、2005年3月に行われたグレードアップの補強工事が施され、2トン荷重で1台の車両のみの通行制限がされていましたが、3トンの制限荷重で車両台数の制限なしのグレードアップ工事が実施されました。

補修工事の中心は、この橋の最も重要な部分である鋳鉄製のアーチリブの補強で、この他、床を支える柱やはりも補強されました。補強の工法はアーチリブとともに鋼板接着による当て板補強が採用されました。アーチリブの補強は、橋体を支保工で支持して無応力の状態とし、16mm厚の鋼板をオリジナルの鋳鉄アーチリブの両面からサンドイッチ状に接着しています。この他には、支柱の追加や、縦桁の補強がされました。

輪荷重を受ける床版については、橋の負担を少なくするために、重い鋳鉄板とコンクリートから、軽量コンクリートに造り直されました。

▲コールポート橋全景
支柱の追加、縦桁の補強がされ、床版は軽量コンクリートに変更された。

▲鋼板接着工法によるアーチリブの断面補強工事（2004年）

7-2 保全の具体事例

　文化財の橋を補修・補強の原則の一つとして、将来のやり直しのために、後戻りの可能な最小限の手の加え方をすることがあります。劣化した部材を撤去して新たなものと取り換えるよりも、施工性の点から可能であれば旧来の部材も残し、それに新規の部材を追加する「足し算方式」で、所定の耐力を確保する補強方法が望ましいとされています。

　永代橋では、橋脚の耐力の余裕分を活用することで上部工の耐震性の向上が図られました。軸方向について中間橋脚の一方の可動沓を固定化し、補剛リブを追加してアーチリブの剛性を高め、橋全体で地震力に抵抗するようにされました。橋が部分的にもつ余裕分をフルに活用する方法です。橋軸直角方向については、水平支承を既設の沓のすぐ横に追加設置することで支点部の水平抵抗が向上されました。

　構造物本来の役割を果たすべく耐震性能を向上させると同時に、景観的配慮もされています。永代橋の既存支承は、桁下の景観に重要な影響を与えており文化財としての重要な部分です。このため、新た水平支承を追加するにあたり、既設支承とのバランスに配慮しつつ新設水平支承のデザインが行われて形状が決定されています。

　一方、永代橋とともに、代表的な震災復興橋梁である清洲橋も同時期に大規模な耐震補強工事が実施されました。永代橋は鋼3径間自碇式チェイン吊橋で、清洲橋と対照的な景観を見せています。幅員は25.9mで中央スパン、側スパンはそれぞれ、91.4m、45.7mあり、全長186.73mです。清洲橋のチェインには、当時海軍が艦船建造用としてイギリスと共同で開発していた強度の高い高張力マンガン鋼が使われて、チェインの断面を細くする工夫がされています。

◀永代橋の中央径間のアーチリブ（2014年）
アーチリブは断面の内側から補剛リブが追加され剛性を向上させた。

7-2 保全の具体事例

　清洲橋も劣化の中心は鋼材の腐食ですが、補修工事以前では、腐食の進展はあるものの、全体的には維持管理された良好な保全状況にありました。しかし耐震性能については、清洲橋も永代橋と同様に非常に強い地震動を想定したレベル2について、多くの個所で応力超過が発生することがわかりました。

　この対応策として実施されたのが、制限移動や制振ダンパーを追加して補強を施すことです。橋軸方向には、橋台の位置にダンパーを追加設置することで上部構造に作用する地震力を、もともと地震による水平荷重を分担していない橋台にも負担させて耐震性能の向上が図られました。これも橋の持つ部分的な余裕分をフルに活用する方法です。

補講工事を実施している永代橋の脇に設置された耐震補強工事内容の説明板。平成25年から28年まで大規模な補修が行われた。

永代橋長寿命化工事の説明板
▼（2015：平成27年7月）

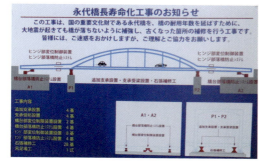

▲隅田川右岸のテラス（遊歩道）からの桁下の景観（2014：平成26年4月）

中間支承が2基の耐震補強工事前の状況を示す。

▲耐震補強工事後の中間支点
（2015：平成27年11月）

既存の中間支点の内側に水平反力のみ抵抗する水平支承が追加された。

第7章　歴史的橋梁の保全

7-2 保全の具体事例

　ダンパーの設置位置はできるだけ均等に力が伝わることや、橋体への取り付けのための空間的な収まり具合、景観上の影響などを勘案して、1橋台当たり1,500 kNのダンパーが8本を設置されました。このダンパーは、橋台前面を通るテラス（川沿いの散策路）で桁下から見上げることで、桁端の限られたスペースにうまく収納されていることが確認できます。

　永代橋、清洲橋に実施された大規模耐震補強工事は、今後、構造物本来の機能を継続し、同時に将来的な地震に備える土木遺産の保全のあり方を示す貴重な事例です。

◀補強工事前の清洲橋①（2014：平成26年）
1928（昭和2）年竣工の清洲橋はドイツのドナウ川に第二次大戦まで架かっていたチェイン吊橋をモデルにしている。

◀補強工事前の清洲橋②（2014：平成26年）
チェインの定着部は複雑な鋼板の組み合わせで構成される。

7-2 保全の具体事例

▲中間橋脚のピポット沓（2014：平成26年）
吊橋の塔の最下端がピポット沓で橋脚で支えられている。

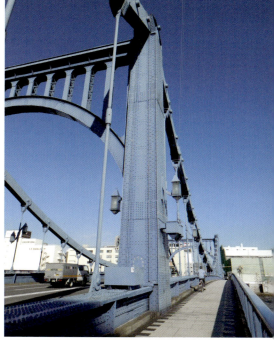

▲補強工事前の清洲橋③（2014：平成26年）
矩形の塔は補剛桁と交差してピポット沓で橋脚に直接支持される。

桁下を通る川沿いのテラス（遊歩道）から見上げると8本のダンパーが桁端部に収まっているのが見える。

▼補強工事で追加された橋台の端支点部に設置した耐震ダンパー（2015：平成27年）

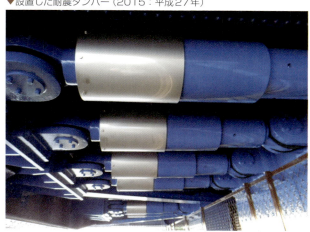

217

クリフトン吊橋の維持補修

　クリフトン吊橋は、イギリス西部の大西洋に面したブリストルの郊外のエイボン川に1864年に建設された錬鉄のチェイン吊橋です。現在では、地方道の橋ですが、建設150年以上が経過するいまも自動車交通を通す現役の道路吊橋です。

　全長は211m、橋面から川面までの高さは、72mあり、完成当時は世界最長の橋でした。このクリフトン吊橋は、ブルネルが25歳のときに、設計デザインの競争に参加して優勝したいわばエンジニアとしてのデビュー作品です。工事は1836年に着工されましたが、資金不足で中断され、完成したのはブルネルの死後の1864年のことでした。

　現在では、4トンの荷重制限がされていますが、日常の交通を担う路線の橋として維持保全がされ、補修計画では、グレードⅠ（日本の重文相当）文化財として保全されています。

　主ケーブルの錬鉄チェインは、アイバー（両端にピン穴の付いた錬鉄板）をピンで結合したチェインで、1枚のアイバーは178mm×25mmの断面で、長さ7.27mあります。

▲クリフトン吊橋全景　下流側右岸より（2017年撮影）

錬鉄は鋼に比べると腐食速度が非常に遅いことが、国内の鉄構造物でも経験的に認められていますが、クリフトン吊橋においても、腐食は極めて少なく良好な状態にあります。

合計4,200本のアイバーは、1970年頃に試験用に取り外した1本が新規のものに取り換えられていますが、それ以外はすべて建設当時のオリジナルです。

過去の損傷としては、アンカレッジ部での腐食がありました。本橋の両岸のアンカレッジはトンネルアンカーで、道路面より下の地中に掘削されたトンネル内にアンカーされており、浸入した雨水により一部に腐食が発生しました。腐食部分の補修が行われ、防水対策として、雨水の浸入を防ぐシールが講じられました。

吊橋の点検個所として着目されるのは、走行自動車の輪荷重の変動を受けるハンガーケーブル、およびその定着部があります。クリフトン吊橋でも、荷重計が設置されて負荷状態が常時モニタリングされています。2009年以降でも、ハンガーと桁の結合点のロッドが、橋のスパン中央付近を中心に64カ所で交換されています。

▲中央部付近のチェインとハンガー(2017年撮影)

チェインとハンガーを繋ぐ部材は2009年以降64カ所で新規の部品に交換された。

MEMO

参考資料

1	『100年橋梁』、土木学会編、丸善出版、2014年刊	
2	『土木材料学』、川村満紀著、森北出版、2009年刊	
3	『デザインデータブック』、日本橋梁建設協会、2016年刊	
4	『日本土木史、昭和41年～平成2年』、土木学会、1995年刊	
5	『日本土木史、大正元年～昭和15年』、土木学会、1965年刊	
6	『フォース橋の100年』、土木学会、1992年刊	
7	『ブリュッケンバウ』、海洋架橋調査会編、鹿島出版会、2003年刊	
8	『プレストレスト・コンクリート』、建設業協会ホームページ、技術資料	
9	『橋の文化史』、ベルトハインリッヒ著、宮本裕他訳、鹿島出版会、1992年刊	
10	『鋼構造物の製作と施工』、堀川浩甫著、土木学会編、技報堂出版、1980年刊	
11	『明治工業史、土木篇』、日本工学会、1970年刊	
12	『土木のアセットマネジメント』、阿部允著、日経BP社、2006年刊	
13	『架橋組曲、明石海峡大橋』、海洋架橋調査会、2008年刊	
14	『ヨーロッパの橋を訪ねて』、関淳著、思考社、1982年刊	
15	『橋のはなしⅠ』、吉田巌編、技報堂出版、1985年刊	
16	『橋について』、日本橋梁建設協会、1999年刊	
17	『橋梁工学ハンドブック』、編集委員会編、技報堂出版、2004年刊	
18	『基礎シリーズ橋梁』、近藤泰夫他著、実教出版、2006年刊	
19	『鋼構造学』、原隆他著、コロナ社、2007年刊	
20	『橋をとおして見たアメリカとイギリス』、古屋信明著、建設図書、1998年刊	
21	『日本の橋』、五十畑弘著、ミネルヴァ書房、2016年刊	
22	『公共建築物の保存活用ガイドライン』、建築保全センター編、大成出版、2002年刊	
23	『鋼橋へのアプローチ（改訂版）』、日本橋梁建設協会 2006年刊	
24	『鋼斜張橋-技術とその変遷-』、土木学会、1990年刊	
25	『鋼道路橋施工便覧』、日本道路協会、2015年刊	
26	『鋼道路橋防食便覧』、日本道路協会、2014年刊	
27	『現代日本土木史 第二版』、髙橋裕著、彰国社、2007年刊	
28	『高速道路の橋』、高速道路調査会、1986年刊	
29	『ガリレオ・ガリレイ新科学対話（上）』、今野武雄他訳、岩波文庫、1961年刊	
30	『構造力学第2版上』、崎元達郎著、北出版、2013年刊	
31	『支承の話』、日本支承協会、2013年刊	
32	『山河計画 橋』、上田篤他編、思考社、1979年刊	
33	『伸縮装置の設計ガイドライン』、日本道路ジョイント協会、2019年刊	
34	『新版日本の橋』、日本橋梁建設協会、2004年刊	
35	『語り継ぐ鋼橋の技術』、仁杉巌監修、鹿島出版会、2009年刊	
36	『図解橋の科学』、土木学会関西支部編、講談社、2010年刊	

37　『鉄の橋百選』、成瀬輝夫編、東京堂出版、1994年刊
38　『橋（科学新書13）』、成瀬勝武著、河出書房、1941年刊
39　『橋梁構造の基礎知識』、多田宏行編、鹿島出版会、2005年刊
40　『眼鏡橋 日本と西洋の古橋』、太田静六著、理工図書、1980年刊
41　『吊橋-技術とその変遷-』、土木学会、1996年刊
42　『ティモシェンコ自伝』、田中勇訳、東京図書、1978年刊
43　『道路橋技術基準の変遷』、藤原稔著、技報堂出版、2009年刊
44　『橋（日本の美術7）』、武部健一他著、至文堂、1996年刊
45　『歴史的鋼橋の補修補強マニュアル』、土木学会、2003年刊
46　『歴史的土木構造物の保全』、鹿島出版会、2010年刊
47　『すべての道はローマに通ず、ローマ人の物語Ⅹ』、塩野七生著、新潮社、2001年刊

索 引
INDEX

あ行

- アーチ･････････････････････････ 10
- アーチ橋･･･････････････････ 56,66
- アーチ橋の構造･････････････････ 66
- アーチリブ･････････････････････ 66
- アイアンブリッジ･･･････････････ 34
- 明石海峡大橋･･･････････････････ 43
- 足場架設工法･･････････････････ 152
- アセットマネジメント･･････ 196,198
- アルバート橋･･･････････････････ 81
- イーズ橋･･･････････････････････ 39
- いかだ基礎････････････････････ 169
- 維持････････････････････････････ 191
- 石橋････････････････････････････ 15
- インフラストラクチャー･････････ 46
- 浮き橋･････････････････････ 11,184
- 浮世絵永代橋･･･････････････････ 31
- 運河閘門･･･････････････････････ 54
- 永代橋････････････････････････ 211
- エクストラドーズド橋･･･････････ 45
- オープンケーソン基礎･･････････ 171
- 送り出し架設工法･･････････････ 154
- 送り出し工法･･････････････････ 156
- 押し出し架設工法･･････････････ 154
- オペラハウス･･････････････････ 137

か行

- ガーダー･･･････････････････････ 59
- ガール水道橋･･･････････････････ 12
- 解体修理･･････････････････････ 207
- 格点････････････････････････････ 183
- 下弦材･･････････････････････ 66,72
- 鍛冶橋････････････････････････ 179
- 荷重支持型････････････････････ 108
- 霞橋･･････････････････････････ 203
- 架設工法･･････････････････････ 151
- 片持ち梁･･････････････････････ 118
- 可動橋････････････････････････ 95
- カニレバーアーチ･･･････････････ 68
- カペル橋･･･････････････････････ 20
- 仮組み立て････････････････････ 149
- ガリレオ・ガリレイ････････････ 118
- 下路式････････････････････････ 67
- 川瀬巳水･･･････････････････････ 29
- カンチレバー･･･････････････････ 11
- カンチレバー橋･････････････････ 11
- 木杭･･････････････････････････ 169
- 擬似アーチ･････････････････････ 12
- 基礎･･････････････････････････ 168
- 木橋･･･････････････････････････ 20
- 基本計画･･････････････････････ 136
- 旧揖斐川橋梁･･････････････････ 208
- 旧永代橋･･･････････････････････ 30
- 旧江ヶ崎跨線橋････････････････ 203
- 旧ロンドン橋･･･････････････････ 17
- 橋脚･･････････････････････････ 162
- 橋台･･････････････････････････ 162
- 橋面･･････････････････････････ 112
- 橋門構･････････････････････････ 72
- 橋梁････････････････････････････ 8
- 橋梁点検車････････････････････ 189
- 曲弦トラス･････････････････････ 73
- 清洲橋････････････････････････ 211
- 許容応力度設計法･･････････････ 140
- き裂･･････････････････････････ 193
- キングポスト･･･････････････････ 75

近接目視点検	190
錦帯橋	28
杭基礎	169
クラック	193
クラッパー	9
クリフトン吊橋	218
グレイト・ブリテン号	42
継続的維持	200
ケーソン基礎	171
ケーブルエレクション工法	155
罫書	148
桁かかり長	105
桁橋	59
ゲルバー桁	60
ゲルバートラス	77
限界状態設計法	140
原寸作業	147
限定振動	144
高架橋	115
鋼橋	33,57
鋼橋の疲労損傷	193
鋼橋の防食	192
鋼杭	171
鋼床版	100
鋼製フィンガージョイント	111
構造	135
構造解析	135,138
構造形式	56
構造力学	118
鋼板巻立て工法	177
閘門	98
高欄	112
高欄兼用防護柵	113
高炉法	33
ゴールデン・ジュビリー橋	51
古典力学	128
コンクリート橋	57
コンクリート杭	169
混合構造	57

さ行

再生	201
最適橋梁形式の選定	137
材料手配	147
材料力学	132
座屈	125
猿橋	23
サン・ベネゼ橋	15,16
三奇橋	23
サンドブラスト	192
山王橋	32
軸応力	125
支承	101
地震力の作用	143
自走式クレーン	153
自走式クレーン架設工法	153
ジャケット基礎	173
斜材	72
斜張橋	43,56,79
車両防護柵	112
十三大橋	67
主ケーブル	83
主塔	83
昇開橋	97
上弦材	66,72
詳細設計	137
小天橋	99
上路式	67
ショルダードアーチ	68
伸縮装置	108
震度	143
震度法	143
真のアーチ	10
数学橋	21

石造アーチ	12,118
積層ゴム支承	104
設計	134,137
設計製図	140
設置ケーソン基礎	172
瀬戸大橋	146
セバーン橋	88
迫枠	70
繊維シート巻立て工法	177
旋回橋	98
線形計算	138
線支承	102
反橋	25
損傷	185

た行

ター・ステップ	9
太鼓橋	26
耐震設計	143
耐震補強	195
タイドアーチ	67
耐風設計	144
大ブロック架設工法	158
多柱基礎	172
縦リブ	100
ダブルワーレントラス	74
タワーブリッジ	95,96
単径間2ヒンジ補剛桁吊橋	84
単純桁	60
弾性体	126
断面応力度	121
断面性能	122
チェイン吊橋	81
筑後川昇開橋	97
地中連続壁基礎	172
鋳鉄	8
鋳鉄アーチ橋	213

跳開橋	95
勅使橋	25
直接基礎	169
沈下橋	18
ツインタワー基礎	173
突合せ型	110
吊材	66
吊橋	56,83
ティモシェンコ	132
鉄橋	33
鉄筋コンクリート杭	170
鉄筋コンクリート構造	61
鉄道橋	22,35
点検	188
点検の自動化	190
転炉法	39
土木構造物	8
豊海橋	91
トラス橋	72
トランスポーター橋	58
トレッスル橋脚	164
ドン・ルイスⅠ世橋	159

な行

長浜大橋	95
流れ橋	18
ニールセンローゼ桁	67
日本橋	28
ニューマチックケーソン基礎	171
ノートルダム橋	19

は行

ハープ形式	80
ハイブリッドケーソン基礎	173
ハウストラス	74,76
箱桁	64
橋	8

項目	ページ
橋のメンテナンス	182
場所打ち杭	171
発散振動	145
パドル鉄	8
ハニカム構造基礎	173
跳ね橋	95
ハペニー橋	52
バランスドタイドアーチ	68
張出架設工法	156
ひび割れ対策	191
ピポット支承	102
疲労損傷	193
疲労破壊	143
ピン支承	102
ファーカルク・ホィール	53
ファブリキオ橋	14
ファン形式	80
フィーレンデール	91
フィンクトラス	76
フーチング	169
フーチング基礎	168
フォース鉄道橋	40
復元	201
復原	201
複合構造	57
副塔	83
部材設計	139
フック（ロバート・フック）	126
フックの法則	126
プラズマ切断機	148
プラットトラス	74,76
ブリッジマネジメント	196,198
ブルックリン橋	40
プレートガーダー	63
プレストレスト・コンクリート橋	43,44
プレストレスト・コンクリート桁	61
平行弦トラス	73
ベタ基礎	169
ペデスタル杭工法	170
ペデストリアンデッキ	65
ベルタイプ基礎	172
ベント工法	152
放射形式	80
方杖ラーメン橋	90
ボールマントラス	76
補強	191
補剛桁	66,83
保守	201
補修	191
保全	201
ポンテ・ロット	13
ポンペイ	124

ま行

項目	ページ
埋設型	111
曲げモーメント	129
マネジメントシステム	196
マルチケーブル形式	80
ミレニアム橋	49
目黒橋	91
目視点検	188
モジュール化	10
モジュラージョイント	111
持ち送り構造	10
モノの強さ	122
門型ラーメン	91

や行

項目	ページ
ユニオン吊橋	89
夢舞大橋	98
要求性能	134
横リブ	100
吉田橋	37
予備調査	136

ら行

ラーメン橋……………………………57,90
落橋…………………………………… 182
落橋防止装置…………………………… 105
ランガー桁……………………………… 66
リベット継手…………………………… 202
レイ・ミルトン高架橋………………… 115
レオポルド・サンゴール歩道橋………… 48
劣化…………………………………… 185
連続桁…………………………………… 60
連続トラス……………………………… 77
練鉄…………………………………… 39
錬鉄……………………………………… 8
ローゼ桁………………………………… 67

わ行

ワーレントラス……………………… 73,76

英数字

I桁……………………………………… 63
Kトラス………………………………… 74
RC杭…………………………………… 170
RC巻立て工法………………………… 176
V脚ラーメン…………………………… 91
3径間2ヒンジ補剛桁吊橋……………… 84

■著者紹介

五十畑 弘（いそはた ひろし）

1947年東京生まれ。1971年日本大学生産工学部土木工学科卒業。博士（工学）、技術士、土木学会特別上級技術者、日本鋼管（株）で橋梁、鋼構造物の設計・開発に従事。JFEエンジニアリング（株）主席を経て、2004年から2018年まで日本大学生産工学部教授。2019年から道路文化研究所特別顧問。

●著書

『日本と世界の土木遺産』（単著、秀和システム）2017年
『日本の橋』（単著、ミネルヴァ書房）2016年
『橋の大解剖』（監修、岩崎書店）2015年
『最新土木技術の基本と仕組み』（単著、秀和システム）2014年
『100年橋梁』（共著、土木学会）2014年
『歴史的土木構造物の保全』（共著、土木学会編、鹿島出版会）2010年
『建設産業事典』（共著、建設産業史研究会編、鹿島出版会）2008年
『歴史的鋼橋の補修・補強マニュアル』（共著、土木学会）2006年

図解入門 よくわかる
最新「橋」の科学と技術

発行日　2019年 7月 1日　　　第1版第1刷

著　著　五十畑 弘

発行者　斉藤 和邦
発行所　株式会社 秀和システム
　　　　〒104-0045
　　　　東京都中央区築地2丁目1-17　陽光築地ビル4階
　　　　Tel 03-6264-3105（販売）Fax 03-6264-3094
印刷所　三松堂印刷株式会社　　　　Printed in Japan

ISBN978-4-7980-5789-7 C3051

定価はカバーに表示してあります。
乱丁本・落丁本はお取りかえいたします。
本書に関するご質問については、ご質問の内容と住所、氏名、電話番号を明記のうえ、当社編集部宛FAXまたは書面にてお送りください。お電話によるご質問は受け付けておりませんのであらかじめご了承ください。